秘伝の微積物理

青山 均 [著]

朝倉書店

まえがき

　多くの生徒が難関大学を志望するような中高一貫の学校で，私は長年物理の教員をしてきました．生徒たちが志望する大学に合格できるように，授業や教材を研究し作り上げていくことが私の主な仕事です．その意味では一定の成果が上げられてきたと自負しているのですが，最近，大学に進学した卒業生たちから次のような話を聞くことが多くなってきました．「大学の物理は高校の物理とは全然違います．講義について行けなくて……．単位落としそうです．」確かに，高校で教わった運動方程式は $ma = F$ だったのに，大学ではそれが突然 $m\dfrac{d^2\boldsymbol{r}}{dt^2} = \boldsymbol{F}$ となってしまう．そのように感じてしまうのも無理もないことかも知れません．しかし，大学の物理も高校の物理も表現方法は違っても同じ物理であることに変わりはないので，何とかそこをスムーズにつなぐことはできないものか．物理という教科としての高大接続，これこそが高校物理の教員として，私にできる次の仕事ではないかと考えるようになりました．高校で学習した物理を，微積分やベクトルを使ってもう一度復習していく．こうすることにより，スムーズに大学の物理に接続することができるのではないかと考え，本書の執筆を決心しました．

　このように，はじめは高大接続の観点から書き始めた本書でしたが，出来上がってみると「どんな使い方が考えられるか？」のところでも述べるように，より広い層の方々に親しんでいただける本になったのではないかと思っています．

　また，本書の内容は高校と大学の接続部分なので，高校，大学どちらの先生に担当していただいてもよいと思っています．今回は試みに高校教員の目線で書かせていただきましたが，ことによると大学の先生の視点でご覧になると，不足している部分や言葉足らずの説明になっているところがあるかも知れません．将来的には大学の先生による高大接続の物理の本が生まれてもよいのではないかと思っています．

　最後に，本書を出版するきっかけをつくってくださり，編集の専門家の立場から貴重なご指摘を多数いただいた朝倉書店の皆様には深く感謝を申し上げます．また，理系学生の立場から素案原稿に目を通し意見を寄せてくれた濱尾君をはじめ，動画の撮影に協力してくれた自然科学部物理班の生徒たち，本書の出版に携わっていただいたすべての方々にこの場を借りてお礼を申し上げたいと思います．

2019 年　春

青山　均

◇『秘伝の微積物理』はどんな本なのか？

● 高校と大学の物理をスムーズに接続するための本です．
● 微積分を使って高校物理を勉強しなおす本です．
　　例）p.41【エネルギーの変化と仕事の関係を導いてみよう！】より

講義9　運動方程式の変形(3)

これまで，運動方程式を変形して運動量や力積の関係を導いてきましたが，今回の講義では運動方程式からエネルギーや仕事の関係を導くことを考えてみましょう．

QRコードから動画講義のページにジャンプできます．

≫ エネルギーの変化と仕事の関係を導いてみよう！

課題　図のように，質量 m の物体が x 軸上を運動しています．この物体に力 F を加えたところ，時刻 t における物体の位置が x，速度が v となりました．

（図：O から x 軸上の位置 x に質量 m の物体，速度 v，力 F，時刻 t）

(1) 物体の運動方程式を立てなさい．

動画講義に対応しているところは，「動画マーク」が入っています．

解答

微積物理 (1) 運動方程式は，次のように表されます．
$$m\frac{dv}{dt} = F \quad \cdots ① \quad \left(\text{または}\quad m\frac{d^2x}{dt^2} = F\right)$$

高校物理 物体に加えた力 F は，左の解答では変数でも構わないのですが，高校物理では，力 F は定数に限定されてしまいます．したがって，物体の運動方程式は
$$ma = F$$
と表され，加速度 a は

(2) (1)で立てた運動方程式の両辺に $v = \dfrac{dx}{dt}$ をかけてから，$t=t_1$ から $t=t_2$ まで積分しなさい．ただし，時刻 $t=t_1$, t_2 のときの物体の速度を

微積物理 では，大学流の微積分を用いた解法を説明しています．

高校物理 では，高校で習う物理公式による解法を説明しています．

すべての単元に無料動画講義が付いています．

◇どんな使い方が考えられるか？

●大学生の皆さんへ

○高校時代，物理は得意科目だったはずなのに，どうしても力学や電磁気学の講義についていけないという人におすすめです．

そもそも高校の物理では微積分など使わずに事足りていたのに，なぜ大学で習う物理は微積分が必要になってくるのでしょうか？　微積分は，どんなときにどんな使い方をすれば良いのでしょうか？　本書ではそんな疑問を解決しながら，大学の物理へと導いていきます．

●大学の先生方へ

○推薦合格者に対するリメディアル教育（入学までの課題）として最適です．

本書は高校で学習した物理をベースとしているため，当該生徒は抵抗感なく課題に取り組むことができます．また，各単元の導入部分には動画講義が付いているので，物理を苦手としている生徒にも安心して提供できます．

○入学後に行われる基礎教育の教材としても適しています．

高校で学習した物理や数学の復習をしながら，これから始まる力学や電磁気学の講義への橋渡しをすることができます．また，導入部分の無料動画講義を利用して，反転授業を行うこともできます．

従来型の授業

教室での一斉授業

家庭での課題学習

反転授業

家庭でのインターネット学習

教室での発表・討論型授業

●高校の先生方へ

○理科＋数学の合科型授業の教材に用いることができます．

本書で扱う内容は，すべて高校物理の教科書で出てくる事柄です．数学については一部に高校範囲外の内容もありますが，ていねいに説明してあります

ので理系志望の高校生であれば無理なく理解できると思います．また，動画講義を用いて反転授業の形式にすれば，アクティブラーニングを取り入れた発表・討論型の授業にすることも可能です．

○物理科の先生が用いる授業準備の資料として適しています．

高校の授業の中では，微積分やベクトルを直接用いて説明することはありませんが，その考え方はたびたび登場してきます．また，電流がつくる磁場の公式のように，高校物理では公式が成り立つ理由について触れていないものでも，授業前には一応ビオ・サバールの法則やアンペールの法則との関係は確認しておきたいものです．そんなとき，傍に置いていただくと便利だと思います．

● 高校生の皆さんへ

○物理や数学が好きで，より発展的な内容を学習したいと考えている人におすすめです．

物理の授業中，やけに回りくどい説明にうんざりしたり，条件がやたらと限定的で違和感を覚えたりしたことはありませんか．高校の物理では，微積分を使わずに説明するため，こんなことがどうしても起こってしまいます．また，数学の授業中，こんな抽象的な概念を学習して何の役に立つのだろうか，と疑問に思ったことはありませんか？　実は，物理と数学を融合した本書を読み進めていくと，どちらの問題も解決することができます．

● 社会人の方へ

○昔，物理や数学は好きだったけど，今さら専門書を広げる気にはならないという人におすすめです．

本書は，基本的には通勤電車の中でも通読できるように書かれています．力学・電磁気学と微積分・ベクトルの関係を俯瞰し，物理や数学の学問としての美しさを再認識してみてください．

目　次

力学編

講義 1	速度・加速度と微分の関係	1
講義 2	位置・速度・加速度と積分の関係	7
講義 3	積分の必要性	11
講義 4	運動方程式の解き方	16
講義 5	仕事とベクトルの内積	23
講義 6	ベクトルによる運動の表し方	27
講義 7	運動方程式の変形(1)	33
講義 8	運動方程式の変形(2)	36
講義 9	運動方程式の変形(3)	41
講義 10	位置エネルギー	45
講義 11	保存力とポテンシャルの関係	49
講義 12	力学的エネルギー保存則	55
講義 13	変数分離形になる運動方程式(1)	60
講義 14	変数分離形になる運動方程式(2)	65
● 力学のまとめ		70

電磁気学編

○静電場

講義 15	クーロンの法則からガウスの法則までの復習	72
講義 16	電場の合成	76
講義 17	ガウスの法則	81
講義 18	ガウスの法則の利用	84
講義 19	電位の定義	88
講義 20	電場と電位の関係	92

講義 21	コンデンサー	96
講義 22	静電エネルギー	101
●	静電場のまとめ	106

○電流と磁場

講義 23	外積とローレンツ力	108
講義 24	ビオ・サバールの法則	115
講義 25	電流のつくる磁場	120
講義 26	アンペールの法則	126
講義 27	アンペールの法則の利用	131
講義 28	電磁誘導の法則	135
講義 29	自己誘導	140
講義 30	電気振動	146
講義 31	交　流	153
講義 32	交流回路	159
●	電流と磁場のまとめ	165

数学のてびき …………………………………………… 168

増減凹凸表のつくり方とその意味 ／ 不定積分 ／ 面積と積分の関係 ／ 区分求積法 ／ 合成関数の微分法 ／ 三角関数の微分 ／ 置換積分法 ／ 変数分離形の微分方程式の解き方 ／ 対数関数の微分 ／ $x=a\sin\theta$, $x=a\tan\theta$ とおく置換積分

索　引 …………………………………………………… 181

講義1
速度・加速度と微分の関係

高校の物理では,「微分」という言葉を直接用いて物理現象を説明することはありませんが,微分の考え方はいろいろな場面で使われています.今回の講義では,速度や加速度の復習をしながら,微分の考え方やその使い方について学習していきましょう.

▶▶▶ 微分を使って速度を定義してみよう!

課題1 図1のように,x軸上を物体が運動しています.時刻tでの物体の位置をx,時刻$t+\Delta t$での物体の位置を$x+\Delta x$とします.Δtを微小時間と考えて,時刻tにおける物体の速度vを式で表しなさい.

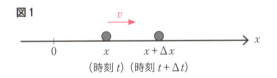

図1

◀解答▶

微積物理　まずは,高校物理での考え方(右の欄)を見てみましょう.

高校物理では**速度**vを①式のように定義しました.しかし,厳密な議論をすれば,微小時間Δtの間にも物体の速度はわずかに変化してしまう可能性があるので,①式で定まるvは,微小時間Δtの間の**平均の速度**と言わなければなりません.

では,時刻tにおける**瞬間の速度**を厳密に表現するにはどうすればよいのでしょうか.そこで登場するのが,高校数学の授業で学んだ**極限**や**微分**の考え方です.

時刻tにおける物体の瞬間の速度vは,微小時間

高校物理　高校物理では,単位時間(例えば1秒間)あたりの変位を速度としています.課題1では微小時間Δtの間に,物体はΔxだけ変位しているので,時刻tにおける物体の速度vは,次の式で表されます.

$$\text{速度 } v = \text{(a)} \quad \cdots ①$$

では,なぜΔtは微小時間で考えるのでしょうか.それは,Δtをあまり長い時間で考えてしまうと,その間に速度が変化して,時刻tにおけ

(a) $\dfrac{\Delta x}{\Delta t}$

Δt を限りなく 0 に近づけることにより正確に求められるので、次の式で定義することができます。

$$\text{速度 } v = \text{(b)} = \frac{dx}{dt}$$

これが x 軸上で運動する物体の**速度 v の正確な定義式**です。

一般に物理で速度といったら、瞬間の速度のことを表しています。

> る速度 v とは異なる値になってしまうからです。
>
> 時刻 t における物体の位置を $x(t)$、速度を $v(t)$ とすると、
> $$v(t) \equiv \lim_{\Delta t \to 0} \frac{x(t+\Delta t) - x(t)}{\Delta t}$$
> $$= \frac{dx(t)}{dt}$$
> と表すこともできます。
>
> また、大学の物理では時刻 t による微分を・(ドット) を付けて表現することがあります。左の式は
> $$v = \frac{dx}{dt} = \dot{x}$$
> と表し、「エックスドット」と読みます。

▶▶▶ 速度を x-t グラフ上で考えてみよう!

課題 1 で考えた**瞬間の速度**について、横軸に時刻 t、縦軸に位置 x をとった x-t グラフを描き、これを用いてもう一度考え直してみましょう。

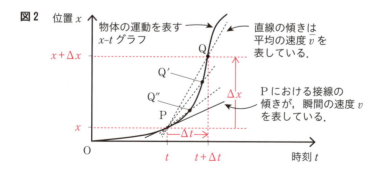

図 2 において、2 点 P、Q を結ぶ直線の傾きは、P、Q 間での平均の速度 $\bar{v} = \frac{\Delta x}{\Delta t}$ を表しています。時刻 t における瞬間の速度 v は、Δt を限りなく 0 に近づけた極

(b) $\lim_{\Delta t \to 0} \frac{\Delta x}{\Delta t}$

限を考えればよいので，x-t グラフ上では，Q を Q′，Q″ と P に近づけていき，その 2 点を結ぶ直線の傾きを考えていけばよいことになります．したがって，最終的には点 P における (c) の傾きが，時刻 t における**瞬間の速度** v を表していることがわかります．

▶▶▶ 微分を使って加速度を定義してみよう！

次に，速度と同様にして加速度についても考えてみましょう．

課題2 図 3 のように，x 軸上を物体が運動しています．時刻 t での物体の速度を v，時刻 $t+\Delta t$ での物体の速度を $v+\Delta v$ とします．Δt を微小時間と考えて，時刻 t における物体の加速度 a を式で表しなさい．

図3

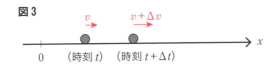

(時刻 t)　(時刻 $t+\Delta t$)

◀**解答**▶

微積物理 まずは，高校物理での考え方（右の欄）を見てみましょう．

加速度についても速度と同様に厳密な議論をすれば，微小時間 Δt の間にも物体の加速度が変化してしまう可能性があるので，Δt は限りなく 0 に近づける必要があります．

したがって，時刻 t における物体の**加速度 a は，正確には次の式で定義することができます**．

$$\text{加速度}\ a = \text{(d)} = \frac{dv}{dt}$$

高校物理 高校物理では，単位時間（例えば 1 秒間）あたりの速度変化を加速度としているので，速度変化 Δv を経過時間 Δt で割った値，すなわち

$$\text{加速度}\ a = \frac{\Delta v}{\Delta t}$$

で加速度 a を定義しています．速度のときと同様に，Δt は微小時間と考えています．

時刻 t における物体の速度を $v(t)$，加速度を $a(t)$ とすると，

(c) **接線**　(d) $\displaystyle\lim_{\Delta t \to 0} \frac{\Delta v}{\Delta t}$

さらに，加速度 a は速度 $v=\dfrac{dx}{dt}$ の関係を用いると
$$a=\frac{dv}{dt}=\frac{d}{dt}\left(\frac{dx}{dt}\right)=\frac{d^2x}{dt^2}$$
と表すこともできます．

> $a(t) \equiv \lim\limits_{\Delta t \to 0} \dfrac{v(t+\Delta t)-v(t)}{\Delta t}$
> $\qquad = \dfrac{dv(t)}{dt}$
> と表すこともできます．

> 大学の物理では
> $$a=\frac{d^2x}{dt^2}=\ddot{x}$$
> と表すことがあります．「エックスツードット」と読みます．

練習問題

x 軸上を運動している物体の時刻 t [s] における位置 x [m] が，次の式で与えられています．

$$x = t^3 - 9t^2 + 24t - 16 \quad \cdots ②$$

▶(1) 時刻 t [s] における物体の速度 v [m/s] を式で表しなさい．

◀解答▶

(1) 速度 v は位置 x を t で微分すれば求められるので，
$$v = \frac{dx}{dt}$$
$= \boxed{\text{(e)}}$ 答
$= 3(t^2 - 6t + 8)$
$= 3(t-2)(t-4)$

> **高校物理** この練習問題では，加速度 a が t の1次関数となってしまい，物体の運動が高校物理で扱う運動（等加速度運動や単振動）になっていません．そのため，高校物理の手法で解答することは困難になってしまいます．

▶(2) 時刻 t [s] における物体の加速度 a [m/s²] を式で表しなさい．

◀解答▶

(2) 加速度 a は速度 v を t で微分すれば求められるので，

(e) $3t^2 - 18t + 24$

$$a = \boxed{\text{(f)}}$$
$$= 6t - 18 \ \text{答}$$
$$= 6(t-3)$$

▶(3) ②の増減，凹凸を調べ，x-t グラフの概形を描きなさい．

◀解答▶

(3) (1)，(2)の結果を使い，②式の**増減凹凸表**を書くと，下のようになります．

t	$\cdots$	2	$\cdots$	3	$\cdots$	4	$\cdots$
$v\left(\dfrac{dx}{dt}\right)$	+	0	−	−	−	0	+
$a\left(\dfrac{dv}{dt}\right)$	−	−	−	0	+	+	+
x	↗	4	↘	2	↘	0	↗

"増減凹凸表のつくり方とその意味"については，巻末の数学のてびき p.168 を参照してください．

上の増減凹凸表をもとに x-t グラフを描くと下のようになります．

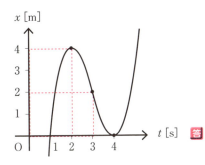
答

(f) $\dfrac{dv}{dt}$

▶ (4) v-t グラフと a-t グラフの概形を描きなさい.

◀解答▶

(4) (3)の増減凹凸表をもとに, v-t グラフと a-t グラフを描くと下のようになります.

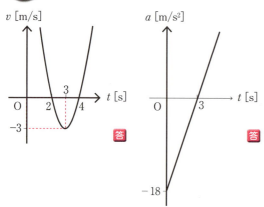

(3), (4)で描いた3つのグラフを見ながら, 物体の運動について考察してみましょう.

時刻 $t<2$ では, $v>0$, $\dfrac{dv}{dt}<0$ ($a<0$) なので, 物体は正の向きに進みながら減速していきます.

時刻 $t=2$ では, $v=0$, $x=4$ なので, 物体は位置 $x=4$ で一旦止まります.

時刻 $2<t<3$ では, $v<0$, $\dfrac{dv}{dt}<0$ ($a<0$) なので, 物体は負の向きに進みながら加速(速さを大きく)していきます.

時刻 $t=3$ では, $\dfrac{dv}{dt}=0$ ($a=0$), $x=2$ なので, 物体は位置 $x=2$ で加速度が 0, すなわち一瞬等速になります.

時刻 $3<t<4$ では, $v<0$, $\dfrac{dv}{dt}>0$ ($a>0$) なので, 物体は負の向きに進みながら減速(速さを小さく)していきます.

時刻 $t=4$ では, $v=0$, $x=0$ なので, 物体は $x=0$ で一旦止まります.

時刻 $t>4$ では, $v>0$, $\dfrac{dv}{dt}>0$ ($a>0$) なので, 物体は正の向きに進みながら加速していきます.

講義2
位置・速度・加速度と積分の関係

　前回の講義では，速度や加速度を微分を使って表すことを学習しましたが，今回の講義では，位置・速度・加速度の関係を積分を使って考えていきましょう．

▶▶ 位置・速度・加速度と微分・積分の関係を考えてみよう！

　講義1では x 軸上を運動する物体について，位置 x と速度 v と加速度 a の関係を微分を用いて考えました．その結果をまとめると次のように表されます．

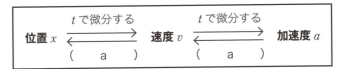

　高校数学の授業では，**積分は微分の逆演算である**と習ったと思います．このことから，上の枠内の(a)に入る言葉を考えてみましょう．

> 詳しくは，数学のてびき p.170 "**不定積分**" を参照してください．

▶▶ 加速度から速度を求めてみよう！

　加速度 a は速度 v を時間 t で微分すれば求められるので

$$a = \frac{dv}{dt}$$

と表されました．したがって，逆に**速度 v は加速度 a を時間 t で積分すれば求められる**ことになるので，

$$v = \int a\,dt$$

と表すことができます．

> 講義1では t は時刻として扱いましたが，時刻 $t=0$ からの経過時間と考えれば，t を時間として扱うこともできます．

(a)　t で積分する

課題 1 図のように，x 軸上を物体が運動しています．物体の加速度 a が一定であるとき，時刻 t における速度 v を表す式を求めなさい．ただし，時刻 $t=0$ のとき速度を $v=v_0$ とします．

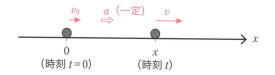

◀解答▶

速度 v は加速度 a を t で積分すれば求められるので，

$$v = \boxed{\text{(b)}}$$
$$= at + C \quad (C\text{ は積分定数})$$

ここで，$t=0$ のとき $v=v_0$ だから，

$$v_0 = a \times 0 + C \quad \therefore \quad C = v_0$$

したがって，

$$v = v_0 + at \quad \cdots \text{①} \quad \boxed{答}$$

このように，高校物理で出てきた公式を積分を使って導くことができます．

 高校物理では，加速度 a が一定ならば，
$$a = \frac{\Delta v}{\Delta t}$$
$$= \frac{v - v_0}{t - 0}$$
$$= \frac{v - v_0}{t}$$
$$\therefore \quad v = v_0 + at$$
として，等加速度直線運動において成り立つ公式
$$v = v_0 + at$$
を導いています．

▶▶▶ 速度から位置を求めてみよう！

速度 v は位置 x を時間 t で微分すれば求められるので，

$$v = \frac{dx}{dt}$$

と表されました．したがって，逆に **位置 x は速度 v**

> ここでは x を位置と考えていますが，位置 $x=0$ からの変位と考えることもできます．

(b) $\int a\,dt$

を時間 t で積分すれば求められることになるので，

$$x = \int v\,dt$$

と表すことができます．

課題2 課題1の続きを考えましょう．時刻 t における速度 v が，$v = v_0 + at$ … ①（v_0, a は定数）と求められましたので，次に，時刻 t における物体の位置 x を表す式を求めてみましょう．ただし，時刻 $t=0$ のときの物体は位置は $x=0$ にあったとします．

◀**解答**▶

位置 x は速度 v を t で積分すれば求められるので，

$$x = \boxed{\text{(c)}}$$
$$= \int (v_0 + at)\,dt$$
$$= v_0 t + \frac{1}{2}at^2 + C \quad (C は積分定数)$$

ここで，$t=0$ のとき $x=0$ なので

$$0 = v_0 \times 0 + \frac{1}{2}a \times 0^2 + C$$
$$\therefore\ C = 0$$

したがって，

$$x = v_0 t + \frac{1}{2}at^2 \quad \text{答}$$

この公式も上記のように積分を使って導くことができます．

 高校物理では，以下のようにして公式を導きます．①式を v-t グラフに描きます．

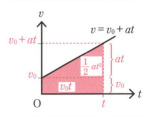

時刻 t における物体の位置 x（変位 x）は，v-t グラフと t 軸の間の面積で表されるので，

$$x = v_0 t + \frac{1}{2}at^2$$

と求められます．これが**等加速度直線運動において成り立つ公式**

$$x = v_0 t + \frac{1}{2}at^2$$

です．

(c) $\int v\,dt$

練習問題

▶ x 軸上を物体が運動しています．時刻 t における物体の加速度 a が，$a=6t+2$ で表されているとき，時刻 t における物体の速度 v と位置 x をそれぞれ式で表しなさい．ただし，$t=0$ のとき $v=2$，$x=3$ とします．

◆解答▶

速度 v は加速度 a を t で積分すれば求められるので，

$$v = \int a\, dt$$
$$= \int (6t+2)\, dt$$
$$= 3t^2 + 2t + C_1 \quad (C_1 は積分定数)$$

ここで，$t=0$ のとき $v=2$ だから

$$C_1 = 2$$

したがって，

$$v = 3t^2 + 2t + 2 \quad \boxed{答}$$

さらに，位置 x は速度 v を t で積分すれば求められるので，

$$x = \int v\, dt$$
$$= \int (3t^2 + 2t + 2)\, dt$$
$$= t^3 + t^2 + 2t + C_2 \quad (C_2 は積分定数)$$

ここで，$t=0$ のとき $x=3$ だから

$$C_2 = 3$$

したがって，

$$x = t^3 + t^2 + 2t + 3 \quad \boxed{答}$$

講義1の練習問題と同様に，物体の加速度 a が t の1次関数となっているため，この練習問題は高校物理の手法で解くことは困難です．このように，a が一定ではない運動に対して，

$$v = v_0 + at$$
$$x = v_0 t + \frac{1}{2}at^2$$

のような等加速度直線運動の公式は使えないので，注意しましょう．

講義3
積分の必要性

高校の物理では積分など使わなくても事足りていたのに，大学の物理では，なぜ積分が必要になってくるのでしょうか．今回の講義では，そんな素朴な疑問について考えていきます．

まずは，前回の講義の復習から始めましょう．

復習 図のように，時刻 $t=0$ のとき原点Oから初速度 v_0 で小球を鉛直下向きに投げ下ろします．初速度の向きを x 軸正の向きとし，重力加速度の大きさを g とします．

(1) 時刻 t における小球の速度 v を式で表し，v-t グラフをかきなさい．

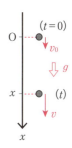

◀解答▶

(1) 小球の加速度 $\dfrac{dv}{dt}$ は g に等しいので，

$$\frac{dv}{dt} = g$$

速度 v は，上式の両辺を t で積分すれば求まるから，

$$v = \boxed{}$$
$$= gt + C_1 \quad (C_1 \text{ は積分定数})$$

ここで，$t=0$ のとき $v=v_0$ だから

$$C_1 = v_0$$

したがって，

$$v = v_0 + gt \quad \cdots \text{③} \quad \text{答}$$

高校物理では次のように考えます．小球の加速度 a は g で一定なので，小球の運動は等加速度直線運動となり，次の2つの公式（講義2で導出済です）を用いることができます．

$$v = v_0 + at \quad \cdots \text{①}$$
$$x = v_0 t + \frac{1}{2}at^2 \quad \cdots \text{②}$$

(1)では，①式を用いて $a=g$ として

$$v = v_0 + gt \quad \cdots \text{③}$$

と求めることができます．

また，v-t グラフは，③式より切片が v_0，傾きが g の直線になります．

(a) $\int g\, dt$

11

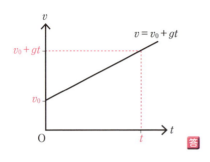

(2) 時刻 t における小球の位置 x を式で表しなさい．また，x は v-t グラフ中のどこに現れているかを答えなさい．

◆解答▶

(2) 小球の位置 x は，速度 v を t で積分すれば求められるので

$$x = \boxed{\text{(b)}}$$

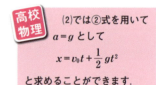

(2)では②式を用いて $a=g$ として
$$x = v_0 t + \frac{1}{2}gt^2$$
と求めることができます．

③式より

$$= \int (v_0 + gt)\,dt$$
$$= v_0 t + \frac{1}{2}gt^2 + C_2 \quad (C_2 \text{ は積分定数})$$

ここで，$t=0$ のとき $x=0$ だから

$$C_2 = 0$$

したがって，

$$x = v_0 t + \frac{1}{2}gt^2 \quad \cdots ④$$

また，位置 x（原点 O からの変位 x）は，**v-t グラフと t 軸の間の面積**（図1の斜線部分の面積）として表されています．

図1の斜線部分の台形の面積は，

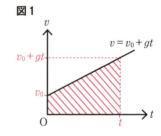

図1

高校物理では，「v-t グラフと t 軸の間の面積は変位を表す」とまとめられています．

(b) $\int v\,dt$

$$(v_0 + v_0 + gt) \times t \times \frac{1}{2} = v_0 t + \frac{1}{2} g t^2$$

となり，④式と一致しています．

このように，高校物理では「**v-t グラフと t 軸の間の面積は変位を表す**」と考えてきました．でも，なぜそうなるのでしょうか．

次に，その理由について上の復習を用いてより詳しく考えていきたいと思います．

▶▶ v-t グラフと t 軸の間の面積は，なぜ変位を表すのだろうか？

図2のように，時刻 $t=0$ から時刻 t までの v-t グラフ（復習(1)の答と同じ）を n 等分して，微小時間 Δt の n 個の区間に分けて，区間ごとの小球の変位を考えてみます．Δt は微小時間と考えているので，各区間での小球の速度 $v(t)$ は一定であると見なします．

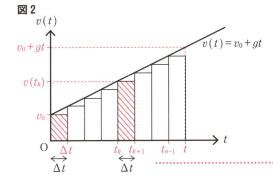

時刻 t における小球の速度を $v(t)$ と表しています．

$k=0$ すなわち $t_0=0$, $k=n$ すなわち $t_n=t$ になります．

例えば，時刻 0 から時刻 $0+\Delta t$ までの微小時間 Δt の区間では，小球の速度は $v(0)=v_0$ で一定であると見なして，この区間での変位は $v_0 \Delta t$ と考えます．変位 $v_0 \Delta t$ は図2中では左の斜線部分の面積で表されています．同様に，時刻 t_k から時刻 t_{k+1} までの微小時間 Δt の区間では，小球の速度は $v(t_k)$ で一定であると見なして，この区間での変位は $v(t_k)\Delta t$ と考えます．変位 $v(t_k)\Delta t$ は図2中では右の斜線部分の面積で表されています．このように考えていくと，**時刻 $0(t_0)$ から時刻 $t(t_n)$ までの小球の変位 $x(t)$ は，図2中の幅 Δt の長方形の面積の和**として表されることがわかります．

しかし，厳密な議論をすれば微小時間 Δt の間でも小球の速度 $v(t)$ はわずかに変化してしまうので，正確な変位 $x(t)$ を求めるためには，微小時間 Δt を限りなく 0 に近づけた極限，すなわち **n を無限個に近づけた極限を考えなければなりません**．

この極限の操作を式で表すと

$$\lim_{n \to \infty} \sum_{k=0}^{n-1} v(t_k) \Delta t \quad \cdots \quad ⑤$$

ただし，$\Delta t = \dfrac{t}{n}$，$t_k = k\Delta t$ となります．

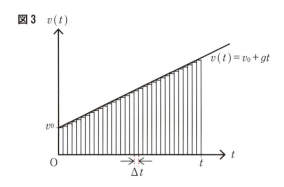

図3

また，この極限の操作を v–t グラフで表すと図3のようになり，時刻 $0(t_0)$ から時刻 $t(t_n)$ までの小球の変位 $x(t)$ は，v–t グラフと t 軸の間の面積に限りなく近づいていくことがわかります．

一方，v–t グラフと t 軸の間の面積は積分を使って表すと，

$$\int_0^t v(t) dt$$

となるので，⑤式と合わせて，次の等式が成り立っていることがわかります．

$$\lim_{n \to \infty} \sum_{k=0}^{n-1} v(t_k) \Delta t = \int_0^t v(t) dt$$

> "面積と積分の関係" は，数学のてびき p.171 を参照してください．

> このように，区間を細分し和の極限として面積を求める方法を "**区分求積法**" といいます．詳しくは数学のてびき p.172 を参照してください．

▶▶ 積分するとは何をすることなのかを考えてみよう！

これまで見てきたように，"**積分する**"とは"**微小量を足し合わせる**"ことと捉えることができます．

例えば，$\int_{t_1}^{t_2} v(t)dt$ という積分の意味について考えてみましょう．まず，$v(t)dt$ の部分は時刻 t における物体の速度 $v(t)$ と微小時間 dt との積なので，**微小時間 dt の間に物体が進む微小変位**を表しています．次に，積分記号（インテグラル）$\int_{t_1}^{t_2}$ は，この**微小変位を時刻 $t=t_1$ から $t=t_2$ まで足し合わせよ**！ということを表しています．実際，積分記号 $\int$ は，足し合わせという意味 sum の頭文字 S をタテに伸ばしたような形をしていますね．

このように，大学の物理では"微小量を足し合わせる"という操作が度々現れてきますので，積分に対するこうしたイメージをしっかりと身に付けておくことが大切です．

▶▶ 大学の物理では，なぜ積分が必要になってくるのだろうか？

上で考えてきたように，物体の変位は v–t グラフと t 軸の間の面積で表され，その面積は積分の計算すれば求められます．ところで，復習の v–t グラフのようにグラフが直線になっている場合，物体の変位は台形の面積で表されるので，何も積分など持ち出さなくても変位を求めることができてしまいます．しかし，仮に図 4 のように v–t グラフが曲線になっている場合，t 軸との間の面積は積分を使わなければ計算できなくなってしまいます．

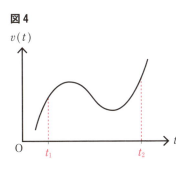

図 4

要するに，"**高校の物理では，直線的に変化する現象だけを扱ってきたため積分を使わなくても事足りていた**"ということになります．大学の物理ではより一般的な現象，すなわち曲線的に変化する現象も扱うようになるので，どうしても積分が必要になってくるという訳です．

講義 4
運動方程式の解き方

実験室で行う力学実験から惑星の運動に至るまで，私たちが普段目にする力学現象は，すべて古典力学（ニュートン力学）によって説明することができます．古典力学は，ニュートンの運動の 3 法則という 3 つの原理からできていて，その 1 つが運動方程式です．これから力学の勉強を進めていくと，さまざまな関係式（公式）と出会いますが，そのほとんどの式は，運動方程式から数学的変形によって導くことができます．

今回の講義では，高校物理でも扱う典型的な力学の問題を通して，運動方程式の解き方を見ていくことにしましょう．

ニュートンの運動の 3 法則
運動の第 1 法則（**慣性の法則**）
運動の第 2 法則（**運動の法則**）
　この法則は $\vec{a} = k\dfrac{\vec{F}}{m}$ と表されますが，$k=1$ とする力の単位（1 ニュートン）を定めれば，この法則は，$m\vec{a} = \vec{F}$（運動方程式）と表すことができます．
運動の第 3 法則（**作用・反作用の法則**）

ニュートン力学の原理とは，ニュートン力学の根本法則という意味です．このあとの講義では，運動方程式という原理から出発し，話が展開していることに注目して読み進めてほしいと思います．

≫ 運動方程式を解いてみよう！

課題 1　図のように，傾斜角 θ のあらい斜面上の最大傾斜上向きに x 軸，斜面に垂直上向きに y 軸を設定します．時刻 $t=0$ に原点 O から x 軸正の向きに初速度 v_0 で質量 m の小物体をすべらせます．小物体と斜面との間の動摩擦係数を μ，重力加速度の大きさを g とします．

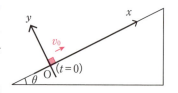

(1) 時刻 t における小物体の速度を v として，小物体の運動方程式を x, y そ

れぞれの方向についてかきなさい．ただし，小物体が斜面から受ける垂直抗力を N とします．

◀解答▶

運動中の小物体にはたらく力を図示すると，下の図のようになります．

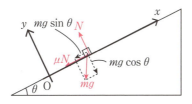

 (1) 運動方程式

x 方向

$$m\frac{dv}{dt} = -mg\sin\theta - \mu N \quad \cdots ①$$

y 方向

$$m \cdot 0 = N - mg\cos\theta \quad \cdots ②$$

(1) x 軸方向の加速度を a とすると，x 方向の運動方程式は，

$$ma = -mg\sin\theta - \mu N$$

小物体の y 方向の加速度は 0 だから，y 方向の運動方程式は

$$m \cdot 0 = N - mg\cos\theta$$

(2) 小物体が最高点に達する時刻を求めなさい．

◀解答▶

 ②式より

$$N = mg\cos\theta$$

①式に代入して

$$m\frac{dv}{dt} = -mg\sin\theta - \mu mg\cos\theta$$

$m \neq 0$ だから

$$\frac{dv}{dt} = -g(\sin\theta + \mu\cos\theta)$$

両辺を t で積分して

(2) 上の2式より，N を消去して a を求めると，

$$a = -g(\sin\theta + \mu\cos\theta)$$
$$\cdots ⑤$$

ここで，a は定数となるので等加速度直線運動の公式を使うことができます．

ここでは，$v = v_0 + at$ を用いて，v に 0 を代入し，a に⑤式の右辺を代入すると，

$$0 = v_0 - g(\sin\theta + \mu\cos\theta)t$$
$$\therefore \quad t = \frac{v_0}{g(\sin\theta + \mu\cos\theta)}$$

$$v = -\int g(\sin\theta + \mu\cos\theta)dt$$
$$= -g(\sin\theta + \mu\cos\theta)t + C_1 \quad (C_1 \text{ は積分定数})$$

ここで，$t=0$ のとき $v=v_0$ だから

$$C_1 = v_0$$
$$\therefore \quad v = v_0 - g(\sin\theta + \mu\cos\theta)t \quad \cdots ③$$

最高点に達するとき $v=0$ となっているので③式より

$$0 = v_0 - g(\sin\theta + \mu\cos\theta)t$$
$$\therefore \quad t = \frac{v_0}{g(\sin\theta + \mu\cos\theta)} \quad \cdots ④ \quad \boxed{答}$$

(3) 最高点の x 座標を求めなさい．

◀解答▶

(3) ③式において，$v = \dfrac{dx}{dt}$ とすると

$$\frac{dx}{dt} = v_0 - g(\sin\theta + \mu\cos\theta)t$$

両辺を t で積分して

$$x = \int\{v_0 - g(\sin\theta + \mu\cos\theta)t\}dt$$
$$= v_0 t - \frac{1}{2}g(\sin\theta + \mu\cos\theta)t^2 + C_2$$
$$(C_2 \text{ は積分定数})$$

ここで，$t=0$ のとき $x=0$ だから

$$C_2 = 0$$
$$\therefore \quad x = v_0 t - \frac{1}{2}g(\sin\theta + \mu\cos\theta)t^2$$

上式に④式を代入して

$$\therefore \quad x = \frac{v_0^2}{2g(\sin\theta + \mu\cos\theta)} \quad \boxed{答}$$

(3) ここでは等加速度直線運動の公式

$$v^2 - v_0^2 = 2ax$$

を用います．v に 0 を代入し，a に⑤式の右辺を代入すると，

$$0^2 - v_0^2 = -2g(\sin\theta + \mu\cos\theta)x$$
$$\therefore \quad x = \frac{v_0^2}{2g(\sin\theta + \mu\cos\theta)}$$

練習問題

図のように，水平方向に x 軸，鉛直方向に y 軸を設定し，原点 O より質量 m の小球を初速度 v_0 で投射します．初速度の向きは x 軸より角 θ だけ上向きで，小球の運動は x-y 平面内で起こるものとします．また，投射した時刻を $t=0$ とし重力加速度の大きさを g とします．

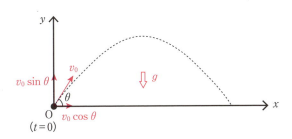

▶(1) 時刻 t における小球の速度の x 成分を v_x，y 成分を v_y とします．小球の運動方程式を x，y それぞれの方向についてかきなさい．

◀解答▶

  (1) 運動方程式
　　x 方向
$$m\frac{dv_x}{dt}=0 \quad \cdots ① \quad \text{答}$$

　　y 方向
$$\boxed{\text{(a)}} \quad \cdots ② \quad \text{答}$$

 (1) 高校物理では微分を使うことができないので，(1)の問いに答えることはできません．

▶(2) v_x，v_y をそれぞれ t の式で表しなさい．

◀解答▶

 (2) ①式において，$m \neq 0$ だから
$$\frac{dv_x}{dt}=0$$

両辺を t で積分して

 (2), (3)問題の斜方投射では，水平方向（x 方向）は，速度 $v_0\cos\theta$ の等速直線運動になり，鉛直方向

(a) $m\dfrac{dv_y}{dt}=-mg$

$$v_x = \int 0 \, dt = C_1 \quad (C_1 \text{ は積分定数})$$

ここで，$t=0$ のとき $v_x = v_0 \cos\theta$ だから，

$$C_1 = v_0 \cos\theta$$

$$\therefore \quad v_x = v_0 \cos\theta \quad \cdots ③ \text{ 答}$$

②式において，$m \neq 0$ だから

$$\frac{dv_y}{dt} = -g$$

両辺を t で積分して

$$v_y = \boxed{\text{(b)}}$$
$$= -gt + C_2 \quad (C_2 \text{ は積分定数})$$

ここで，$t=0$ のとき $v_y = v_0 \sin\theta$ だから，

$$C_2 = v_0 \sin\theta$$

$$\therefore \quad v_y = v_0 \sin\theta - gt \quad \cdots ④ \text{ 答}$$

> （y 方向）は，初速度 $v_0 \sin\theta$，加速度 $-g$ の等加速度直線運動になります．
>
> したがって，x 方向は
> $$\begin{cases} v_x = v_0 \cos\theta & \cdots ③ \\ x = (v_0 \cos\theta)t & \cdots ⑤ \end{cases}$$
>
> y 方向は，等加速度直線運動の公式
> $$v = V_0 + at$$
> $$x = V_0 t + \frac{1}{2} at^2$$
> において，$v = v_y$, $V_0 = v_0 \sin\theta$, $a = -g$, $x = y$ を代入して
> $$\begin{cases} v_y = v_0 \sin\theta - gt & \cdots ④ \\ y = (v_0 \sin\theta)t - \frac{1}{2}gt^2 & \cdots ⑥ \end{cases}$$
> のように求めます．

▶▶ (3) 時刻 t における小球の位置座標を (x, y) とします．x, y をそれぞれ t の式で表しなさい．

◀ 解答 ▶

(3) ③式において，$v_x = \dfrac{dx}{dt}$ だから

$$\frac{dx}{dt} = v_0 \cos\theta$$

両辺を t で積分して

$$x = \boxed{\text{(c)}}$$
$$= (v_0 \cos\theta)t + C_3 \quad (C_3 \text{ は積分定数})$$

ここで，$t=0$ のとき $x=0$ だから

$$C_3 = 0$$

(b) $-\int g \, dt$　(c) $\int (v_0 \cos\theta) \, dt$

$$\therefore \quad x = (v_0 \cos\theta) t \quad \cdots \text{⑤} \quad$$ 答

次に，④式において，$v_y = \dfrac{dy}{dt}$ だから

$$\dfrac{dy}{dt} = v_0 \sin\theta - gt$$

両辺を t で積分して

$$y = \boxed{} \text{(d)}$$
$$= (v_0 \sin\theta) t - \dfrac{1}{2} g t^2 + C_4 \quad (C_4 \text{ は積分定数})$$

ここで，$t = 0$ のとき $y = 0$ だから

$$C_4 = 0$$

$$\therefore \quad y = (v_0 \sin\theta) t - \dfrac{1}{2} g t^2 \quad \cdots \text{⑥} \quad$$ 答

▶▶(4) 最高点の位置座標を求めなさい．

◀解答▶

(4) 最高点では $\boxed{}$ なので④式より

$$0 = v_0 \sin\theta - gt$$
$$\therefore \quad t = \dfrac{v_0 \sin\theta}{g}$$

t の値を⑤，⑥式に代入して

$$x = v_0 \cos\theta \cdot \dfrac{v_0 \sin\theta}{g}$$
$$= \dfrac{v_0^2 \sin\theta \cos\theta}{g}$$
$$= \dfrac{v_0^2 \sin 2\theta}{2g} \quad$$

ここでは，2倍角の公式 $\sin 2\theta = 2\sin\theta \cos\theta$ を用いています．

$$y = v_0 \sin\theta \cdot \dfrac{v_0 \sin\theta}{g} - \dfrac{g}{2} \cdot \dfrac{v_0^2 \sin^2\theta}{g^2}$$

(d) $\displaystyle\int (v_0 \sin\theta - gt)\, dt$ (e) $v_y = 0$

$$= \frac{v_0{}^2 \sin^2 \theta}{2g}$$

したがって，最高点の位置座標は，

$$\left(\frac{v_0{}^2 \sin 2\theta}{2g}, \ \frac{v_0{}^2 \sin^2 \theta}{2g} \right) \ \boxed{答}$$

講義5 仕事とベクトルの内積

今回の講義では，仕事と内積の関係について学習します．数学の授業で習った内積の定義ですが，どうしてあのように定義されているのか，考えたことがありますか？ 仕事と関連させて学習すると，その答えが見えてくると思います．

▶▶ 仕事と内積の関係について考えてみよう！

復習1 次の空欄に入る式または語を答えなさい．

(1) 図1のように，2つのベクトル a，b のなす角を θ とすると，a と b の内積 $a \cdot b$ は，

$$a \cdot b = \boxed{\text{(a)}}$$

と表されます．

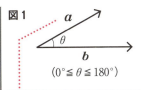

図1

$(0° \leqq \theta \leqq 180°)$

本書では，ベクトル $\vec{a}$ を太字 a で表示しています．

(2) 図2のように，物体に一定の力 F を加え，x 軸上を x だけ変位させます．F と x のなす角を θ とすると，力 F のした仕事 W は

$$W = \boxed{\text{(b)}}$$

と表されます．

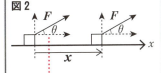

図2

このように，力 F を加えた物体が x だけ変位した場合，力 F のした仕事 W は，F と x の内積すなわち

$$\boxed{\text{仕事 } W = F \cdot x = |F||x|\cos\theta \\ \text{（ただし，} 0° \leqq \theta \leqq 180°）}$$

で表すことができます．

仕事に役立ったのは，力 F の x 成分 $|F|\cos\theta$ なので，力 F のした仕事 W は，

$$W = |F|\cos\theta \times |x| \\ = |F||x|\cos\theta$$

と表されます．

(a) $|a||b|\cos\theta$ (b) $|F||x|\cos\theta$

力のした仕事を成分で計算してみよう！

復習2

2つのベクトル $\boldsymbol{a}=(a_x,\ a_y)$, $\boldsymbol{b}=(b_x,\ b_y)$ の内積 $\boldsymbol{a}\cdot\boldsymbol{b}$ は，

$$\boldsymbol{a}\cdot\boldsymbol{b} = \boxed{\qquad(c)\qquad}$$

と表されます．

課題

図のように x, y 軸を設定し，物体に一定の力 $\boldsymbol{F}$ を加え x 軸上を正の向きに $\boldsymbol{x}$ だけ変位させます．

また，$\boldsymbol{F}$ と $\boldsymbol{x}$ のなす角を θ とします．

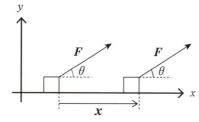

(1) 力 $\boldsymbol{F}$，変位 $\boldsymbol{x}$ をそれぞれ x, y 成分で表しなさい．

◀解答▶

(1) $\boldsymbol{F}=(|\boldsymbol{F}|\cos\theta,\ |\boldsymbol{F}|\sin\theta)$
 $\boldsymbol{x}=(|\boldsymbol{x}|,\ 0)$

(2) 力 $\boldsymbol{F}$ のした仕事 W を成分で計算しなさい．

◀解答▶

(2) 力 $\boldsymbol{F}$ のした仕事 W は，力 $\boldsymbol{F}$ と変位 $\boldsymbol{x}$ の内積で表されるので，成分で計算すると，

$$W=|\boldsymbol{F}|\cos\theta\times|\boldsymbol{x}|+|\boldsymbol{F}|\sin\theta\times 0$$
$$=\boxed{\qquad(d)\qquad}$$

(c) $a_x b_x + a_y b_y$　　(d) $|\boldsymbol{F}||\boldsymbol{x}|\cos\theta$

練習問題

図のように，傾斜角 θ のあらい斜面上の最大傾斜の方向に x 軸，それに垂直な方向に y 軸を設定します．質量 m の物体が x 軸正の向きに滑り降りて距離 d だけ離れた2点 A, B を通過しました．物体と斜面の間の動摩擦係数を μ, 重力加速度の大きさを g とします．

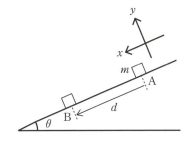

▶(1) 物体にはたらく重力，垂直抗力，動摩擦力，および物体の変位をそれぞれ x, y 成分で表しなさい．

◀解答▶

(1) 重力 mg, 垂直抗力 N, 動摩擦力 μN をそれぞれ図中に記入します．y 方向の力はつりあっているので

$$N = mg\cos\theta$$

よって

$$\mu N = \mu mg\cos\theta$$

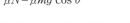

したがって，それぞれの力および物体の変位をそれぞれ x, y 成分で表すと

重力：$(mg\sin\theta,\ -mg\cos\theta)$ 答
垂直抗力：$(0,\ mg\cos\theta)$ 答
動摩擦力：$(-\mu mg\cos\theta,\ 0)$ 答
変位：$(d,\ 0)$ 答

▶(2) 物体が A, B 間を通過する間に，重力がした仕事 W_1, 垂直抗力がした仕事 W_2, および動摩擦力がした仕事 W_3 をそれぞれ成分を用いて計算しなさい．

◀解答▶

(2) それぞれの力がした仕事は，力と変位の内積で表され，それぞれ成分で計算すると，

$W_1 = mg \sin\theta \times d + (-mg \cos\theta) \times 0$
$\quad = mgd \sin\theta$ 答

$W_2 = 0 \times d + mg \cos\theta \times 0$
$\quad = 0$ 答

$W_3 = (-\mu mg \cos\theta) \times d + 0 \times 0$
$\quad = -\mu mgd \cos\theta$ 答

▶▶▶ 大きさが変化する力のした仕事について考えてみよう！

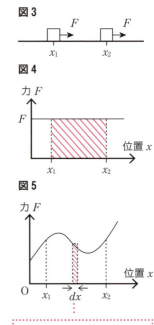

図3

図4

図5

実際には，dx は限りなく 0 に近いのですが，グラフ中では見やすいように太くかいています。

まずは図3のように，大きさが一定の力 F が物体に加わり，力 F の向きに物体が位置 x_1 から x_2 まで変位した場合を考えます．このとき，力 F のした仕事 W は，$W = $ (e) となり図4の斜面部分の面積として表されます．

次に，図5のように大きさが変化する力 F が物体に加わり，力 F の向きに物体が位置 x_1 から x_2 まで変位した場合を考えます．このとき，力 F がした仕事 W は講義3でも学習したように，微小量の足し合わせとして考えていきます．

まず，微小変位 dx の間に，力 F がした微小仕事 Fdx（図中の斜線部分の面積）を考え，これを位置 x_1 から x_2 まで足し合わせればよいので，

$$W = \boxed{\text{(f)}}$$

と表すことができます．

(e) $F(x_2 - x_1)$　(f) $\int_{x_1}^{x_2} F dx$

講義6 ベクトルによる運動の表し方

物体の運動状態は，その物体が"いつ""どこに"あるかがわかれば記述することができます．そこで，物体の運動状態を記述するために，時刻 t の関数で表される位置ベクトル $\boldsymbol{r}(t)$ を用いることにします．

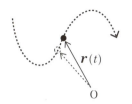

▶▶ 位置ベクトルについて復習しておこう！

復習

右図のように，各成分が次のように表される位置ベクトル $\boldsymbol{r}(t)$ について考えます．

$$\boldsymbol{r}(t)=(x(t),\ y(t),\ z(t))$$

この位置ベクトル $\boldsymbol{r}(t)$ を，x，y，z 軸方向の単位ベクトル $\boldsymbol{e}_x$，$\boldsymbol{e}_y$，$\boldsymbol{e}_z$ を用いて表すと，

$$\boldsymbol{r}(t)=\boxed{} \quad \cdots \text{①}$$

となります．

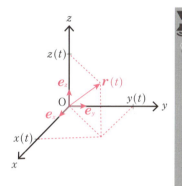

▶▶ ベクトルの微分について考えてみよう！

ベクトルの微分についてもスカラーの微分と同様に，次のように定義されています．

$$\text{速度}\ \boldsymbol{v}(t)=\frac{d\boldsymbol{r}(t)}{dt} \quad \cdots \text{②}$$
$$\text{加速度}\ \boldsymbol{a}(t)=\frac{d\boldsymbol{v}(t)}{dt}=\frac{d^2\boldsymbol{r}(t)}{dt^2}$$

ここでは，導関数の定義にさかのぼって②式についてもう一度考えてみましょう．

(a) $x(t)\boldsymbol{e}_x+y(t)\boldsymbol{e}_y+z(t)\boldsymbol{e}_z$

$$v(t) = \frac{d\boldsymbol{r}(t)}{dt} = \lim_{\Delta t \to 0} \frac{\boldsymbol{r}(t+\Delta t) - \boldsymbol{r}(t)}{\Delta t}$$

①式を用いて変形すると，

$$\boldsymbol{v}(t) = \lim_{\Delta t \to 0} \frac{\{x(t+\Delta t)\boldsymbol{e}_x + y(t+\Delta t)\boldsymbol{e}_y + z(t+\Delta t)\boldsymbol{e}_z\} - \{x(t)\boldsymbol{e}_x + y(t)\boldsymbol{e}_y + z(t)\boldsymbol{e}_z\}}{\Delta t}$$

$$= \lim_{\Delta t \to 0} \left\{\frac{x(t+\Delta t) - x(t)}{\Delta t}\right\}\boldsymbol{e}_x + \lim_{\Delta t \to 0} \left\{\frac{y(t+\Delta t) - y(t)}{\Delta t}\right\}\boldsymbol{e}_y + \boxed{\text{(b)}}$$

$$= \frac{dx(t)}{dt}\boldsymbol{e}_x + \boxed{\text{(c)}} + \frac{dz(t)}{dt}\boldsymbol{e}_z$$

となるので，**ベクトルの微分は成分ごとに行えばよい**ことがはっきりしました．つまり，$\boldsymbol{v}(t) = (v_x(t),\ v_y(t),\ v_z(t))$ とすると，

$$v_x(t) = \frac{dx(t)}{dt},\quad v_y(t) = \frac{dy(t)}{dt},\quad v_z(t) = \boxed{\text{(d)}}$$

と表すことができます．

また，加速度についても同様に，$\boldsymbol{a}(t) = (a_x(t),\ a_y(t),\ a_z(t))$ とすると

$$a_x(t) = \frac{dv_x(t)}{dt} = \frac{d^2 x(t)}{dt^2}$$

$$a_y(t) = \frac{dv_y(t)}{dt} = \frac{d^2 y(t)}{dt^2}$$

$$a_z(t) = \frac{dv_z(t)}{dt} = \frac{d^2 z(t)}{dt^2}$$

と表すことができます．

(b) $\displaystyle\lim_{\Delta t \to 0} \left\{\frac{z(t+\Delta t) - z(t)}{\Delta t}\right\}\boldsymbol{e}_z$　　(c) $\displaystyle\frac{dy(t)}{dt}\boldsymbol{e}_y$　　(d) $\displaystyle\frac{dz(t)}{dt}$

等速円運動をする質点をベクトルで表してみよう！

課題 図のように，質量 m の質点が原点 O を中心とする半径 r，角速度 ω の等速円運動をしています．質点は時刻 $t=0$ のとき，点 $(r, 0)$ を通過し反時計回りに回転します．

角速度 ω は，
$$\omega = \frac{\Delta\theta}{\Delta t}$$
すなわち，単位時間あたりの回転角を表しています．

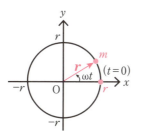

(1) 時刻 t における質点の位置ベクトル $\boldsymbol{r}(t)$ を成分表示しなさい．また，$\boldsymbol{r}(t)$ を x，y 方向の単位ベクトル $\boldsymbol{e}_x$，$\boldsymbol{e}_y$ を用いて表しなさい．

◀ **解答** ▶

(1) 右図のように，位置ベクトル $\boldsymbol{r}(t)$ を x，y 成分で表すと，
$$\boldsymbol{r}(t) = (x(t), y(t)) = (r\cos\omega t, r\sin\omega t) \quad \cdots ③ \quad \boxed{答}$$

となります．また，単位ベクトル $\boldsymbol{e}_x$，$\boldsymbol{e}_y$ を用いて表すと，
$$\boldsymbol{r}(t) = (r\cos\omega t)\boldsymbol{e}_x + (r\sin\omega t)\boldsymbol{e}_y \quad \boxed{答}$$

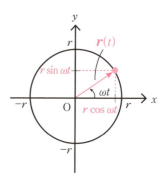

(2) 時刻 t における質点の速度ベクトル $\boldsymbol{v}(t)$ を成分表示しなさい．また，$\boldsymbol{v}(t)$ を，$\boldsymbol{e}_x$，$\boldsymbol{e}_y$ を用いて表しなさい．

◀解答▶

(2) 速度ベクトルは，$\bm{v}(t)=\dfrac{d\bm{r}(t)}{dt}$ と表され，③を成分ごとに t で微分すれば求められるので，

$$\begin{aligned}\bm{v}(t)&=(v_x(t),\ v_y(t))\\&=\left(\dfrac{dx(t)}{dt},\ \dfrac{dy(t)}{dt}\right)\\&=(-r\omega\sin\omega t,\ r\omega\cos\omega t)\quad\cdots\text{④}\quad\boxed{答}\end{aligned}$$

また，$\bm{e}_x$, $\bm{e}_y$ を用いて表すと，

$$\begin{aligned}\bm{v}(t)&=(-r\omega\sin\omega t,\ r\omega\cos\omega t)\\&=(-r\omega\sin\omega t)\bm{e}_x+(r\omega\cos\omega t)\bm{e}_y\quad\boxed{答}\end{aligned}$$

---

(3) 時刻 t における質点の加速度ベクトル $\bm{a}(t)$ を成分表示しなさい．また，$\bm{a}(t)$ を，$\bm{e}_x$, $\bm{e}_y$ を用いて表しなさい．

◀解答▶

(3) 加速度ベクトルは，$\bm{a}(t)=\dfrac{d\bm{v}(t)}{dt}$ と表され，④式を成分ごとにさらに t で微分すれば求められるので，

$$\begin{aligned}\bm{a}(t)&=(a_x(t),\ a_y(t))\\&=\left(\dfrac{dv_x(t)}{dt},\ \dfrac{dv_y(t)}{dt}\right)\\&=(-r\omega^2\cos\omega t,\ -r\omega^2\sin\omega t)\quad\cdots\text{⑤}\quad\boxed{答}\end{aligned}$$

また，$\bm{e}_x$, $\bm{e}_y$ を用いて表すと，

$$\begin{aligned}\bm{a}(t)&=(-r\omega^2\cos\omega t,\ -r\omega^2\sin\omega t)\\&=(-r\omega^2\cos\omega t)\bm{e}_x+(-r\omega^2\sin\omega t)\bm{e}_y\quad\boxed{答}\end{aligned}$$

---

③の x 成分について考えます．$\omega t=\theta$ とおくと，

$$x(t)=r\cos\omega t=r\cos\theta$$

となるから

$$\begin{aligned}v_x(t)&=\dfrac{dx(t)}{dt}\\&=\dfrac{dx(t)}{d\theta}\cdot\dfrac{d\theta}{dt}\\&=(-r\sin\theta)\cdot\omega\\&=-r\omega\sin\theta\end{aligned}$$

となります．
ここでの式変形には，**合成関数の微分法と三角関数の微分**が用いられています．

── 合成関数の微分法 ──
$$\{f(g(x))\}'=f'(g(x))\cdot g'(x)$$

── 三角関数の微分 ──
$$(\sin x)'=\cos x$$
$$(\cos x)'=-\sin x$$
$$(\tan x)'=\dfrac{1}{\cos^2 x}$$

さらに詳しい説明は，数学のてびき "合成関数の微分法" については p.173，"三角関数の微分" については p.174 を参照してください．

練習問題

上の課題について，さらに詳しく考えていきましょう．

▶(1) 速度ベクトルの大きさ $|\boldsymbol{v}|$ を求めなさい．　　　　ここでは，$\boldsymbol{v}(t)$, $\boldsymbol{a}(t)$ を，単に $\boldsymbol{v}$, $\boldsymbol{a}$ と表しています．

◀解答▶

(1)　④式より

$$|\boldsymbol{v}| = \sqrt{(-r\omega \sin \omega t)^2 + \boxed{\text{(e)}}}$$
$$= r\omega \quad \boxed{答}$$

高校の物理で学習した等速円運動の要点を，左の解答と対応させながら，一つずつ確認していきましょう．
(1) 等速円運動の**速さ** v と**角速度** ω の関係は，

$$v = r\omega$$

▶(2) 速度ベクトル $\boldsymbol{v}$ の向きを求めなさい．

◀解答▶

(2)　位置ベクトル $\boldsymbol{r}$ と速度ベクトル $\boldsymbol{v}$ の内積を計算すると，③，④式より

$$\boldsymbol{r} \cdot \boldsymbol{v} = (r\cos \omega t)(-r\omega \sin \omega t)$$
$$+ (r\sin \omega t)(r\omega \cos \omega t)$$
$$= \boxed{\text{(f)}}$$

したがって，速度ベクトル $\boldsymbol{v}$ の向きは位置ベクトル $\boldsymbol{r}$ と垂直な向き，すなわち**円の接線方向**になります． $\boxed{答}$

(2) 等速円運動の**速度**は，**円の接線方向**です．

▶(3) 加速度ベクトルの大きさ $|\boldsymbol{a}|$ を求めなさい．

◀解答▶

(3)　⑤式より

$$|\boldsymbol{a}| = \sqrt{(-r\omega^2 \cos \omega t)^2 + (-r\omega^2 \sin \omega t)^2}$$
$$= r\omega^2 \quad \cdots ⑥ \quad \boxed{答}$$

(3) 等速円運動の**加速度の大きさ** a と角速度 ω の関係は，

$$a = r\omega^2$$

(e) $(r\omega \cos \omega t)^2$　　(f) 0

▶▶ (4) 加速度ベクトルの向きを求めなさい.

◀解答▶

(4) ⑤式より

$$\boldsymbol{a} = -\omega^2(r\cos\omega t,\ r\sin\omega t)$$

③式より

$$\boldsymbol{a} = -\omega^2 \boldsymbol{r}$$

したがって, 加速度ベクトル $\boldsymbol{a}$ の向きは, 位置ベクトル $\boldsymbol{r}$ と (g) 向き, すなわち **円の中心向き** になります.

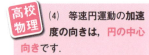

▶▶ (5) 質点にはたらく力, すなわち向心力 F の向きと大きさを求めなさい.

◀解答▶

(5) 質点の運動方程式は,

$$m\boldsymbol{a} = \boldsymbol{F}$$

となるので, 向心力 $\boldsymbol{F}$ の向きは加速度 $\boldsymbol{a}$ と (h) 向き, すなわち **円の中心向き** になります.

また, 向心力 $\boldsymbol{F}$ の大きさ $|\boldsymbol{F}|$ は,

$$|\boldsymbol{F}| = m|\boldsymbol{a}|$$

⑥式より

$$|\boldsymbol{F}| = mr\omega^2$$

(g) 逆   (h) 同じ

講義7 運動方程式の変形(1)

2つの物体が衝突するとき，互いに及ぼし合う力は，図のように短い時間で激しく変化します．この短い時間の各瞬間において運動方程式は成り立っているのですが，実際に各瞬間で及ぼし合う撃力を測定することは困難です．したがって，この場合運動方程式は，そのままの形では役に立ちません．そこで，運動方程式を数学的に変形し，使いやすい形にしていくことを考えます．今回は運動方程式を変形して，運動量の変化と力積の関係を導いていきます．

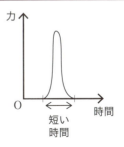

▶▶ 運動量の変化と力積の関係を導いてみよう！

課題 図のように，質量 m の物体が x 軸上を運動しています．この物体に変化する x 軸方向の力 F を加えたところ，時刻 t における物体の速度が v と表されました．

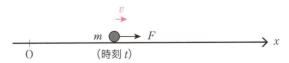

(1) 物体の運動方程式を v を用いて表しなさい．

◀解答▶

(1) 運動方程式は

$$m\frac{dv}{dt} = F \quad \cdots \text{①} \quad \boxed{答}$$

と表されます．

> 左の(1)(2)の解答のように，微積を用いた解答であれば，F が変数であっても対応可能ですが，高校物理では F が変数の場合，対応が困難になってしまいます．そこで，$F =$ 一定として

33

(2) (1)で立てた運動方程式の両辺を，$t=t_1$ から $t=t_2$ まで積分しなさい．ただし，時刻 $t=t_1$, t_2 のときの物体の速度を $v=v_1$, v_2 とします．

> 考えると，運動方程式は，
> $$m\frac{v_2-v_1}{t_2-t_1}=F$$
> と表され，
> $$mv_2-mv_1=F(t_2-t_1)$$
> となります．ここで，$t_2-t_1=\Delta t$ とおくと，次の関係を導くことができます．
> ─ 運動量の変化と力積の関数 ─
> $$mv_2-mv_1=F\Delta t$$
> … ③

◀解答▶

(2) ①式の両辺を $t=t_1$ から $t=t_2$ まで積分すると，
$$\int_{t_1}^{t_2} m\frac{dv}{dt}dt = \int_{t_1}^{t_2} Fdt$$

置換積分を利用して，左辺の積分変数を変換します．
$$m\int_{v_1}^{v_2} dv = \int_{t_1}^{t_2} Fdt$$
$$m[v]_{v_1}^{v_2} = \int_{t_1}^{t_2} Fdt$$
$$mv_2 - mv_1 = \int_{t_1}^{t_2} Fdt \quad \cdots ② \;\; \boxed{答}$$

> "置換積分法" については，数学のてびき p.176 を参照してください．

②式の左辺は**物体の運動量の変化**を表し，右辺は**物体が受けた力積**を表しています．

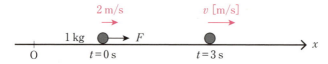

練習問題

図のように，質量 1 kg の物体が x 軸上を速度 2 m/s で運動しています．この瞬間を時刻 $t=0$ s とします．時刻 $t=0$ s から $t=3$ s まで物体に x 軸方向の力 $F=2t+1$ [N] を加えました．時刻 $t=3$ s における物体の速度 v [m/s] を求めなさい．

◀解答▶ 運動方程式
$$m\frac{dv}{dt} = F$$
の両辺を $t=0$ から $t=3$ まで積分すると，
$$\int_0^3 m\frac{dv}{dt}dt = \int_0^3 F dt$$
置換積分を利用して，左辺の積分変数を変換します．
$$1 \times \int_2^v dv = \int_0^3 (2t+1)dt$$
$$[v]_2^v = [t^2+t]_0^3$$
$$v - 2 = 9 + 3$$
$$v = 14 \text{ m/s} \quad \text{答}$$

また，前ページで求めた運動量の変化と力積の関係を用いて，
$$1 \times v - 1 \times 2 = \int_0^3 (2t+1)dt$$
$$v - 2 = [t^2+t]_0^3$$
$$v - 2 = 12$$
$$v = 14 \text{ m/s} \quad \text{答}$$

と求めることもできます．

力 F が変数なので，③における力積 $F\Delta t$ の計算をかけ算で行うことはできません．そこで，力 F と時刻 t の関係をグラフで表して，

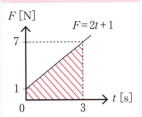

上のグラフの斜線部分の面積が，物体が受けた力積となるので，
$$F\Delta t = (1+7) \times 3 \times \frac{1}{2}$$
$$= 12$$
これは，④式の右辺の値と一致しています．

講義8
運動方程式の変形(2)

前回に引き続き，運動方程式の変形について考えていきます．今回は，運動方程式から運動量保存則を導きます．

▶▶ 運動量保存則を導いてみよう！

課題 図のように，なめらかな水平面内にあるx軸上を，質量m_Aの物体Aと質量m_Bの物体Bが運動しています．2物体A, Bの衝突は，時刻$t=t_1$から$t=t_2$までの間で起こり，この間に物体Aが物体Bに及ぼすx軸方向の力をFとします．

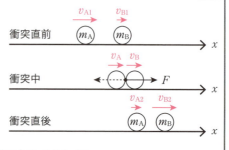

(1) 衝突中に物体Bが物体Aに及ぼす力を求めなさい．

◀**解答**▶

微積物理 (1) 物体Aが物体Bに及ぼす力Fを作用とすると，物体Bが物体Aに及ぼす力（ここで求める力）は反作用になります．

反作用は作用と大きさは同じで向きが反対になるので，答えは$-F$です．**答**

> **高校物理**
> (1) 作用・反作用の法則はニュートンの運動の3法則の1つであり，ニュートン力学の原理の1つです．ここでは，作用・反作用の法則が，運動中の物体同士にも成り立っていることに注意しましょう．

(2) 衝突中の2物体A, Bの運動方程式をそれぞれ立てなさい．ただし，衝突中の2物体A, Bの時刻tにおける速度をそれぞれv_A, v_Bとします．

◀解答▶

 (2) 2物体 A, B の運動方程式は v_A, v_B を用いて表すと,以下のようになります.

$$A : m_A \frac{dv_A}{dt} = -F \quad \cdots \text{①} \quad \boxed{答}$$

$$B : m_B \frac{dv_B}{dt} = F \quad \cdots \text{②} \quad \boxed{答}$$

 (2) この問題においても高校物理では,力 F を一定としなければ扱うことができません.そこで,$F = $ 一定とすると,A, B の運動方程式は,

$$A : m_A \frac{v_{A2} - v_{A1}}{t_2 - t_1} = -F$$

$$B : m_B \frac{v_{B2} - v_{B1}}{t_2 - t_1} = F$$

(3) (2)で求めた2物体 A, B の運動方程式の両辺を $t = t_1$ から $t = t_2$ まで積分し,それぞれの物体における運動量の変化と力積の関係を導きなさい.ただし,時刻 $t = t_1$ における物体 A, B の速度を v_{A1}, v_{B1} とし,時刻 $t = t_2$ における物体 A, B の速度を v_{A2}, v_{B2} とします.

◀解答▶

 (3) ①式の両辺を $t = t_1$ から $t = t_2$ まで積分して

$$\int_{t_1}^{t_2} m_A \frac{dv_A}{dt} dt = \int_{t_1}^{t_2} (-F) dt$$

置換積分を利用して,左辺の積分変数を変換します.

$$m_A \int_{v_{A1}}^{v_{A2}} dv_A = -\int_{t_1}^{t_2} F dt$$

$$m_A [v_A]_{v_{A1}}^{v_{A2}} = -\int_{t_1}^{t_2} F dt$$

$$m_A v_{A2} - m_A v_{A1} = -\int_{t_1}^{t_2} F dt \quad \cdots \text{③} \quad \boxed{答}$$

物体 B についても同様の操作を行います.②式の両辺を $t = t_1$ から $t = t_2$ まで積分して

$$\int_{t_1}^{t_2} m_B \frac{dv_B}{dt} dt = \int_{t_1}^{t_2} F dt$$

$$m_B \int_{v_{B1}}^{v_{B2}} dv_B = \int_{t_1}^{t_2} F dt$$

 (3) 上の2式をそれぞれ変形すると,

$$A : m_A v_{A2} - m_A v_{A1} = -F(t_2 - t_1)$$

$$B : m_B v_{B2} - m_B v_{B1} = F(t_2 - t_1)$$

と表されます.

$$m_B[v_B]_{v_{B1}}^{v_{B2}} = \int_{t_1}^{t_2} F dt$$

$$m_B v_{B2} - m_B v_{B1} = \int_{t_1}^{t_2} F dt \quad \cdots \text{④} \quad \boxed{答}$$

(4) (3)で求めた2つの関係式を使って運動量保存則を導きなさい．

◀解答▶

(4) (3)で求めた③，④式の辺々を加えて，

$$m_A v_{A2} - m_A v_{A1} + m_B v_{B2} - m_B v_{B1} = 0$$

∴ $m_A v_{A1} + m_B v_{B1} = m_A v_{A2} + m_B v_{B2} \quad \cdots \text{⑤} \quad \boxed{答}$

(4) (3)で求めた2式を辺々加えて式を整理すると，

$$m_A v_{A1} + m_B v_{B1} = m_A v_{A2} + m_B v_{B2}$$

と求められ，⑤式と同じ関係式を導くことができます．

しかし，衝突中にA，Bが及ぼし合う力Fは，実際には一定ではないので，厳密には高校物理による説明は正しいとは言えません．

―――― 運動量保存則 ――――

$$\underbrace{m_A v_{A1} + m_B v_{B1}}_{\text{衝突前の運動量の和}} = \underbrace{m_A v_{A2} + m_B v_{B2}}_{\text{衝突後の運動量の和}}$$

 練習問題

図のように，質量 M の直方体形の台がなめらかな水平面上に置かれています．質量 m の小物体が，台の上面と同じ高さの水平面から台の上面に速度 v_0 で乗り移ります．この瞬間を時刻 $t=0$ とします．速度 v_0 の向きを正の向きとし，小物体と台はこの向きにだけ運動するものとします．台の上面と小物体との間の動摩擦係数を μ，重力加速度の大きさを g として，次の問いに答えなさい．

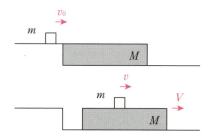

38

▶(1) 小物体が台上ですべっている間のある時刻 t における小物体と台の速度をそれぞれ v, V とします．時刻 t における両物体の運動方程式をかきなさい．

◀解答▶

(1) 小物体の運動方程式は

$$m\frac{dv}{dt} = -\mu mg \quad \cdots ⑥ \text{ 答}$$

台の運動方程式は

$$M\frac{dV}{dt} = \mu mg \quad \cdots ⑦ \text{ 答}$$

小問ごとに，微積物理と高校物理の解法を比較してみましょう．

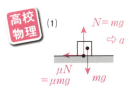

小物体にはたらく力は上図のようになるので，小物体の加速度を a とすると運動方程式は，

$$ma = -\mu mg \quad \cdots ⑪$$

となります．

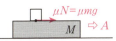

台にはたらく水平方向の力は上図のようになるので，台の加速度を A とすると運動方程式は，

$$MA = \mu mg \quad \cdots ⑫$$

となります．

▶(2) 時刻 $t=T$ になったとき，両物体の速度が等しくなりました．このときの両物体の速度 U と T の値を求めなさい．

◀解答▶

(2) ⑥式の両辺を $t=0$ から $t=T$ まで積分して

$$\int_0^T m\frac{dv}{dt}dt = \int_0^T (-\mu mg)dt$$

ここで，$t=0$ のとき $v=v_0$，$t=T$ のとき $v=U$ だから

$$m\int_{v_0}^U dv = -\int_0^T (\mu mg)dt$$

$$m[v]_{v_0}^U = -\mu mg [t]_0^T$$

$$mU - mv_0 = -\mu mgT \quad \cdots ⑧$$

同様にして，⑦式の両辺を $t=0$，$t=T$ まで積分して，

$$\int_0^T M\frac{dV}{dt}dt = \int_0^T (\mu mg)dt$$

ここで，$t=0$ のとき $V=0$，$t=T$ のとき $V=U$ だ

(2) 小物体と台を1つの系と見なすと，水平方向には外力がはたらいておらず，水平方向の運動量保存則が成り立っていることがわかります．よって，高校物理では，いきなり⑩式

ら

$$M\int_0^U dV = \int_0^T (\mu m g) dt$$
$$M[V]_0^U = \mu m g [t]_0^T$$
$$MU = \mu m g T \quad \cdots \text{⑨}$$

⑧式と⑨式の辺々を加えると，

$$mU - mv_0 + MU = 0$$
$$mv_0 = (M+m)U \quad \cdots \text{⑩}$$
$$\therefore \quad U = \frac{mv_0}{M+m} \quad \boxed{答}$$

U の値を⑨式に代入して

$$\frac{Mmv_0}{M+m} = \mu m g T$$
$$\therefore \quad T = \frac{Mv_0}{\mu g (M+m)} \quad \boxed{答}$$

$$mv_0 = (M+m)U$$

を立てて

$$U = \frac{mv_0}{M+m}$$

を求めます．
　次に，⑪，⑫式より

$$a = -\mu g, \quad A = \frac{\mu m g}{M}$$

となり，両物体とも等加速度直線運動をすることがわかるので，公式 $v = v_0 + at$ を両物体に適用して，
　小物体では

$$U = v_0 - \mu g T$$

台では

$$U = 0 + \frac{\mu m g}{M} T$$

上の2式から U を消去して，

$$v_0 - \mu g T = \frac{\mu m g}{M} T$$
$$\therefore \quad T = \frac{Mv_0}{\mu g (M+m)}$$

講義9
運動方程式の変形(3)

これまで，運動方程式を変形して運動量や力積の関係を導いてきましたが，今回の講義では運動方程式からエネルギーや仕事の関係を導くことを考えてみましょう．

≫ エネルギーの変化と仕事の関係を導いてみよう！

課題　図のように，質量 m の物体が x 軸上を運動しています．この物体に x 軸方向の力 F を加えたところ，時刻 t における物体の位置が x，速度が v となりました．

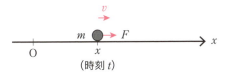

(1) 物体の運動方程式を立てなさい．

◀解答▶

(1) 運動方程式は，次のように表されます．

$$m\frac{dv}{dt} = F \quad \cdots ①答 \quad \left(\text{または} \quad m\frac{d^2x}{dt^2} = F\right)$$

(2) (1)で立てた運動方程式の両辺に $v = \dfrac{dx}{dt}$ をかけてから，$t=t_1$ から $t=t_2$ まで積分しなさい．ただし，時刻 $t=t_1$, t_2 のときの物体の速度を $v=v_1$, v_2 とし，位置を $x=x_1$, x_2 とします．

◀解答▶

(2) ①式の両辺に $v = \dfrac{dx}{dt}$ をかけると

$$mv\frac{dv}{dt} = F\frac{dx}{dt}$$

高校物理　物体に加えた力 F は，左の解答では変数でも構わないのですが，高校物理では，力 F は定数に限定されてしまいます．したがって，物体の運動方程式は

$$ma = F$$

と表され，加速度 a は

$$a = \frac{F}{m}$$

となります．ここで，F は定数としたので，a も定数となり，物体は等加速度直線運動をすることになります．そこで，次の公式を使うことがで

41

となり，さらに $t=t_1$ から $t=t_2$ まで t で定積分すると，

$$\int_{t_1}^{t_2} mv\frac{dv}{dt}dt = \int_{t_1}^{t_2} F\frac{dx}{dt}dt$$

ここで，置換積分を利用して両辺の積分変数を変換すると，

$$m\int_{v_1}^{v_2} vdv = \int_{x_1}^{x_2} Fdx$$

$$m\left[\frac{1}{2}v^2\right]_{v_1}^{v_2} = \int_{x_1}^{x_2} Fdx$$

$$\frac{1}{2}mv_2^2 - \frac{1}{2}mv_1^2 = \int_{x_1}^{x_2} Fdx \quad \cdots ② \quad \boxed{答}$$

> きます．
>
> $$v^2 - v_0^2 = 2ax$$
>
> この課題では，$v=v_2$，$v_0=v_1$，$a=\frac{F}{m}$，$x=x_2-x_1$ となっているので，これらを上の公式に代入すると，
>
> $$v_2^2 - v_1^2 = 2\cdot\frac{F}{m}\cdot(x_2-x_1)$$
>
> $$\frac{1}{2}mv_2^2 - \frac{1}{2}mv_1^2 = F(x_2-x_1)$$
>
> $$\cdots ③$$
>
> となります．

---- エネルギー積分 ----

(2)の解答で用いた『**運動方程式** $m\dfrac{dv}{dt}=F$ **の両辺に** $v=\dfrac{dx}{dt}$ **をかけてから両辺を** t **で積分する**』計算方法を**エネルギー積分**といいます．

②式の左辺は物体の運動エネルギーの変化を表し，右辺は物体がされた仕事を表しています．

---- エネルギーの変化と仕事の関係 ----

$$\underbrace{\frac{1}{2}mv_2^2 - \frac{1}{2}mv_1^2}_{\text{運動エネルギーの変化}} = \underbrace{\int_{x_1}^{x_2} Fdx}_{\text{物体がされた仕事}}$$

また，②式を下のように変形して

---- エネルギーと仕事の関係 ----

$$\underbrace{\frac{1}{2}mv_1^2}_{\text{(はじめのエネルギー)}} + \underbrace{\int_{x_1}^{x_2} Fdx}_{\text{(外からされた仕事)}} = \underbrace{\frac{1}{2}mv_2^2}_{\text{(あとのエネルギー)}}$$

エネルギーと仕事の関係として理解することもできます．

次に、②式において F を定数と見なすと、

$$右辺 = F\int_{x_1}^{x_2} dx = F[x]_{x_1}^{x_2} = F(x_2 - x_1)$$

となるので②式は、

$$\frac{1}{2}mv_2^2 - \frac{1}{2}mv_1^2 = F(x_2 - x_1)$$

と表され、③式と一致することがわかります。

次に、エネルギー積分を使って練習問題を解いてみましょう。

▶ **練習問題**

図のように、傾斜角 θ、動摩擦係数 μ のあらい斜面上の最大傾斜の方向に x 軸を設定します。時刻 $t=0$ のとき、原点 O から初速度 v_0 で物体を x 軸に沿って滑らせます。その後、物体は徐々に減速し、位置 x で速度が v（>0）になりました。重力加速度を大きさを g として、v の値を求めなさい。

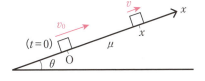

▶ **解答**

まずは、物体の運動方程式を立てることから始めましょう。右図のように、物体には $-mg\sin\theta$（重力 mg の x 軸方向成分）と $-\mu mg\cos\theta$（動摩擦力）がはたらいているので、運動方程式は、

$$m\frac{dv}{dt} = -mg\sin\theta - \mu mg\cos\theta$$

$$m\frac{dv}{dt} = -mg(\sin\theta + \mu\cos\theta)$$

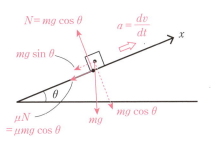

となります。ここで、エネルギー積分を使いましょう。

まず、両辺に $v = \dfrac{dx}{dt}$ をかけて、

> **高校物理** 高校物理では、先程導いたエネルギーの変化と仕事の関係を公式として用いて解いていきます。
> 運動エネルギーの変化は、

$$\boxed{\text{(a)}}$$

次に，両辺を t で不定積分します．

$$m\int v\frac{dv}{dt}dt = -mg(\sin\theta + \mu\cos\theta)\int \frac{dx}{dt}dt$$

$$m\int v\,dv = -mg(\sin\theta + \mu\cos\theta)\int dx$$

$$m\cdot\frac{1}{2}v^2 = -mg(\sin\theta + \mu\cos\theta)\cdot x + C$$

（C は積分定数）

ここで，時刻 $t=0$ のとき，$v=v_0$，$x=0$ なので，上式にこれらの値を代入すると

$$C = \boxed{\text{(b)}}$$

となり，運動方程式から以下のようなエネルギーの変化と仕事の関係を表す式を導くことができます．

$$\frac{1}{2}mv^2 - \frac{1}{2}mv_0^2 = -mgx(\sin\theta + \mu\cos\theta)$$

ここで，$v>0$ だから

$$v = \sqrt{v_0^2 - 2gx(\sin\theta + \mu\cos\theta)} \quad \cdots \text{④} \quad \text{答}$$

$\frac{1}{2}mv^2 - \frac{1}{2}mv_0^2$ と表され，物体がされた仕事は，

$$(-mg\sin\theta)x + (-\mu mg\cos\theta)x = -mgx(\sin\theta + \mu\cos\theta)$$

と表されるので，エネルギーの変化と仕事の関係から

$$\frac{1}{2}mv^2 - \frac{1}{2}mv_0^2 = -mgx(\sin\theta + \mu\cos\theta)$$

が成り立ちます．

ここで，$v>0$ だから

$$v = \sqrt{v_0^2 - 2gx(\sin\theta + \mu\cos\theta)}$$

となり，④式と一致することがわかります．

波線の部分は定数なので積分記号の前に出します．

上で見たように，微積物理で解いた答えと高校物理で解いた答えはもちろん一致します．みなさんは，どちらの解答が好みですか．私は高校物理の方が解答がシンプルな分，解答時間が短くてすむので，**大学入試においては高校物理の方が有利**だと考えています．しかし，微積物理は，力学の原理である運動方程式から出発し，数学という道具だけを使って，様々な関係や法則を導いていくところに，**物理の学問としての美しさが感じられる**ような気がします．**どちらも大切**ということでしょうか．

(a) $mv\dfrac{dv}{dt} = -mg(\sin\theta + \mu\cos\theta)\dfrac{dx}{dt}$ (b) $\dfrac{1}{2}mv_0^2$

講義 10
位置エネルギー

前回の講義では"エネルギーの変化と仕事の関係"について学習しましたが、ここで皆さんに改めて質問をします。「エネルギーとは何ですか？」どうですか、答えられますか。一般に、エネルギーとは"仕事をする能力"のことをいいます。

例えば、右図のように高い所にある物体は、それだけで"重力による位置エネルギー"を持っています。その証拠に、この物体をはなすと落下し、地面にある杭に衝突し力を加え、杭を地面に押し込むという仕事をすることができるからです。高い所にある物体は、初めから"他の物体に仕事をする能力"を持っていたことになります。

今回の講義では、"位置エネルギー"について学習していきます。まずは、高校の物理で学習した"重力による位置エネルギー"について復習しておきましょう。

▶▶ 位置エネルギーの定義を復習しておこう！

復習 図1のように、地面を基準点Oとし、そこから高さhの点Pにある質量mの物体がもつ重力による位置エネルギーUを式で表しなさい。ただし、重力加速度の大きさをgとします。

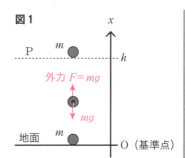

図1

◀ **解答** ▶

微積物理 答えはもちろん$U=mgh$ですね。これは誰でも知っていると思います。ここでは、どのように$U=mgh$を求めたのかということに注

目してみます．

　まず，図1のように地面（基準点O）にある質量 m の物体は，他の物体に仕事をする能力がない（例えば，杭を打ち込むことができない）ので，持っているエネルギー（位置エネルギー）は [(a)] です．

　次に，この物体に外力を加え，つりあいを保ちながらゆっくりと（準静的に）点Pまで運ぶことを考えます．このとき，外力の大きさ F は重力の大きさ mg と等しく，また外力の向きに h だけ変位させるので，外力のした仕事は [(b)] となります．

　つまり，はじめ基準点Oにあった物体の位置エネルギーは0で，外から mgh の仕事が加えられたので，点Pで物体がもつ位置エネルギー U は [(c)] になったということです．

　ここでも前回学習した"エネルギーと仕事の関係"を使っています．

―――― エネルギーと仕事の関係 ――――
（はじめのエネルギー）＋（外からされた仕事）＝（あとのエネルギー）

　一般に物体を運ぶとき，物体にはたらく力がする仕事が，**途中の経路に無関係で始めと終わりの位置だけで決まる**場合，その力を**保存力**といいます．

　上で考えたことは，まったく逆のルートをたどって考えることもできます．はじめ点Pにあった物体に重力（保存力）を加え基準点まで運ぶことを考えると，$U=mgh$ はこの間に重力（保存力）のした仕事として捉えることもできます．

　したがって，上の例からもわかるように，重力のような保存力の場において，物体のもつ位置エネルギーは下の①または②のように定義することができます．

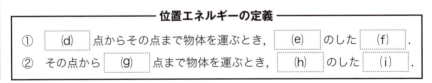

――― 位置エネルギーの定義 ―――
① [(d)] 点からその点まで物体を運ぶとき，[(e)] のした [(f)] ．
② その点から [(g)] 点まで運ぶとき，[(h)] のした [(i)] ．

(a) 0　(b) mgh　(c) mgh　(d) 基準　(e) 外力　(f) 仕事　(g) 基準
(h) 保存力　(i) 仕事

課題 図2のように，左端を固定したばね定数 k のばねがあります．ばねが自然長のときの右端の位置を基準点とし，そこから X だけ伸びたばねがもつ弾性力による位置エネルギー U を式で表しなさい．

図2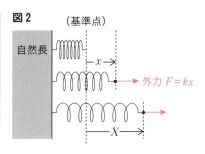

◀解答▶

前ページの位置エネルギーの定義①を使って考えます．**基準点（自然長）から X だけ伸びた点までばねを引き伸ばすとき，外力 F のした仕事 W を計算すれば，それが U になります．**

まず，ばねに外力 F を加え，その向きに微小距離 dx だけ引き伸ばすとき，外力 F のした微小仕事は Fdx と表されます．この微小仕事 Fdx を 0 から X まで足し合わせたものが W となるので，

$$W = \int_0^X F dx$$

ここで，$F = kx$ だから

$$\begin{aligned} W &= \int_0^X kx \, dx \\ &= k\left[\frac{1}{2}x^2\right]_0^X \\ &= \frac{1}{2}kX^2 \quad \cdots ③ \end{aligned}$$

基準点から X だけ引き伸ばすまでに，外力のした仕事 W が位置エネルギー U を表しているので

$$U = \frac{1}{2}kX^2 \quad \text{答}$$

高校物理 高校物理では，力 F のした仕事 W は，力の向きの変位を x として

$$仕事\ W = Fx \quad \cdots ④$$

と表してきました．しかし，④式では F が定数の場合に限られているため，この課題のように，$F(=kx)$ が変数の場合，④式のように単なるかけ算で W を求めることはできません．そこで，下図のように F-x グラフをかき，x 軸との間の面積により外力 F のした仕事 W を求めます．

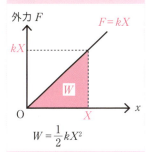

$$W = \frac{1}{2}kX^2$$

③式と同じ結果が得られます．

> **練習問題**

図3のように，質量Mの地球の中心から距離rの点にある質量mの物体がもつ万有引力による位置エネルギーUを式で表しなさい．ただし，無限遠を基準とし，万有引力定数をGとします．

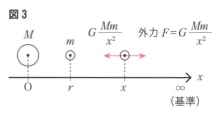

図3

▶**解答**▶

ここでも，位置エネルギーの定義①を使って考えます．**基準点（無限遠）から位置$x=r$の点まで物体を運ぶとき，外力のした仕事Wを計算します**．物体に外力Fを加え，微小距離dxだけ運ぶとき，外力Fのした微小仕事はFdxと表されます．この微小仕事Fdxを∞からrまで足し合わせたものがWとなるので

$$W = \int_{\infty}^{r} F dx$$

ここで，$F = G\dfrac{Mm}{x^2}$だから

$$W = \int_{\infty}^{r} G\frac{Mm}{x^2} dx$$
$$= GMm\left[-x^{-1}\right]_{\infty}^{r}$$
$$= -G\frac{Mm}{r}$$

外力のした仕事Wが位置エネルギーUを表しているので

$$U = -G\frac{Mm}{r}$$

高校物理

課題で扱ったばねのときと同様に$F\left(=G\dfrac{Mm}{x^2}\right)$は変数なので，仕事$W$を求めるのに$W=Fx$の式を使うことはできません．この場合，$F$-$x$グラフも曲線で表されるため，面積も積分を使わざるを得ないので，高校物理で万有引力による位置エネルギーUを求めることはできません．ほとんどの教科書では結果だけを以下のように示しています．

―― 万有引力 ――
$$F = G\frac{Mm}{r^2}$$

―― 万有引力による位置エネルギー ――
$$U = -G\frac{Mm}{r}$$

講義11 保存力とポテンシャルの関係

前回の講義では，"位置エネルギー"について学習しました．位置エネルギーは，物体がその位置にあることで潜在的に持っているエネルギーのことなので，位置エネルギーを"ポテンシャルエネルギー"または単に"ポテンシャル"とも呼びます．

今回の講義では"保存力とポテンシャルの関係"について学習していきます．

▶▶▶ 保存力とポテンシャルの関係について考えよう！

物体に保存力がはたらく場について考えます．ここで考える保存力は，どのような保存力でも構わないのですが，例えば重力をイメージして考えていくとわかりやすいかも知れません．

課題 図1のように，物体に保存力 F とそれとつりあう外力 F' を加え，ポテンシャルが $U(x)$ の点 A からポテンシャルが $U(x+\Delta x)$ の点 B まで，準静的に物体を運ぶことを考えます．

図1

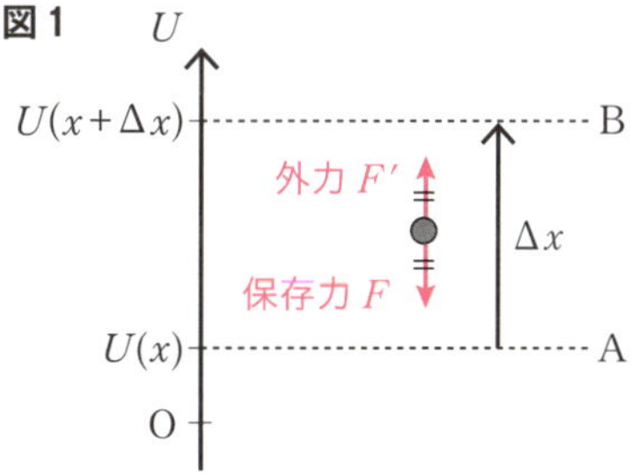

このとき，エネルギーと仕事の関係は，

── エネルギーと仕事の関係 ──
$$\underbrace{U(x)}_{(はじめの\ エネルギー)} + \underbrace{F'\Delta x}_{(外から\ された仕事)} = \underbrace{U(x+\Delta x)}_{(あとの\ エネルギー)}$$

エネルギーと仕事の関係
(はじめのエネルギー)
＋(外からされた仕事)
＝(あとのエネルギー)

と表されます．ここで，外力 F' と保存力 F の間には符号を含めて考えると，$F'=$ (a) の関係があるので，上式は F を用いて表すと，

(a)　$-F$

$$U(x) - F\Delta x = U(x+\Delta x)$$

$$\therefore\ -F = \frac{U(x+\Delta x) - U(x)}{\Delta x}$$

一般には，保存力 F が位置 x により変化してしまう場合もあるので，右辺は極限を使って次のように表すことができます．

$$右辺 = \lim_{\Delta x \to 0} \frac{U(x+\Delta x) - U(x)}{\Delta x}$$

$$= \boxed{\text{(b)}}$$

したがって，

$$-F = \frac{dU(x)}{dx}$$

となり，保存力 F とポテンシャル $U(x)$ の関係は，次のように表すことができます．

保存力とポテンシャルの関係

$$F = -\frac{dU(x)}{dx}$$

練習問題 1

質点が位置 x にあるとき，そのポテンシャルが k を定数として $U = \frac{1}{2}kx^2$ で与えられています．

▶(1) ポテンシャル U の式から，どのような力学現象がイメージできますか．

◀ 解答 ▶

(1) 位置エネルギーが $U = \frac{1}{2}kx^2$ の形で表される力学現象なので，例えば，**ばね振り子による単振動**をイメージすることができます．答

(1) 高校物理では，弾性力による位置エネルギーを下のように覚えました．

弾性力による位置エネルギー

$$U = \frac{1}{2}kx^2$$

(b) $\dfrac{dU(x)}{dx}$

▶(2) U–x グラフの概形をかきなさい．

◂解答▶

(2) U は x の 2 次関数なので

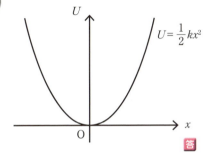

▶(3) 位置 x にある質点にはたらく保存力 F を求めなさい．

◂解答▶

(3) 保存力 F とポテンシャル U の関係より

$$F = -\frac{dU}{dx}$$
$$= -\frac{d}{dx}\left(\frac{1}{2}kx^2\right)$$
$$= -kx \quad \text{答}$$

保存力 F は，質点にはたらく弾性力であることがわかります．

 (3) 弾性力 F は下のように表され，

──弾性力──
$F = -kx$

力 F は変位 x に比例しています．また，F と x が異符号になっているので，力 F は，つねに振動の中心 O を向いています．単振動を起こすこのような力を復元力といいます．

▶(4) (2)でかいたグラフと(3)の式を見比べながら，質点にはたらく保存力 F の向きと強さを吟味しなさい．

◀解答▶

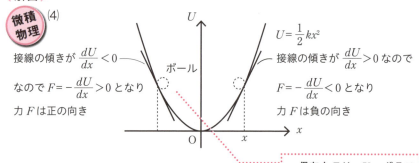

(4) 接線の傾きが $\dfrac{dU}{dx}<0$ なので $F=-\dfrac{dU}{dx}>0$ となり 力 F は正の向き

接線の傾きが $\dfrac{dU}{dx}>0$ なので $F=-\dfrac{dU}{dx}<0$ となり 力 F は負の向き

保存力 F は，U-x グラフ上に置いたボールにはたらく力と同じようなイメージになっています．

答 力の向き：$x>0$ のとき $F<0$，$x<0$ のとき $F>0$ になっているので，**つねに原点 O を向いています**．

力の強さ：**変位の大きさに比例します**．

練習問題 2

質量 m の物体が位置 x（>0）にあるとき，そのポテンシャルが k を定数として $U=-\dfrac{km}{x}$ で与えられています．

▶ (1) ポテンシャル U の式から，どのような力学現象がイメージできますか．

◀解答▶

(1) 位置エネルギーが $U=-\dfrac{km}{x}$ の形で表される力学現象なので，例えば，$k=GM$ と見なして

$$U=-G\dfrac{Mm}{x}$$

すなわち，**万有引力による位置エネルギー**がイメージでき，運動としては惑星の運動などをイメージすることができます． 答

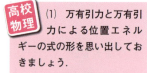

(1) 万有引力と万有引力による位置エネルギーの式の形を思い出しておきましょう．

―― 万有引力 ――
$$F=G\dfrac{Mm}{r^2}$$

―― 万有引力による位置エネルギー ――
$$U=-G\dfrac{Mm}{r}$$

▶ (2) U–x グラフの概形をかきなさい.

◀解答▶

(2) 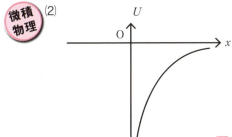 答

▶ (3) 位置 x にある物体にはたらく保存力 F を求めなさい.

◀解答▶

(3) 保存力 F とポテンシャル U の関係より
$$F = -\frac{dU}{dx} = -\frac{d}{dx}\left(-G\frac{Mm}{x}\right) = -G\frac{Mm}{x^2}$$ 答

▶ (4) (2)でかいたグラフと(3)の式を見比べながら,物体にはたらく保存力 F の向きと強さを吟味しなさい.

◀解答▶

(4)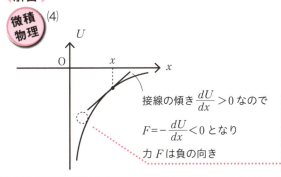

接線の傾き $\dfrac{dU}{dx} > 0$ なので

$F = -\dfrac{dU}{dx} < 0$ となり

力 F は負の向き

ここでも,**保存力 F は U–x グラフ上に置かれたボールにはたらく力と同じイメージ**になっています.

答 力の向きは $x=0$ に向かう向きで，力の強さは $x=0$ に近づくほど大きくなります．

安定なつりあいと不安定なつりあい

物体に保存力 F がはたらく場において，位置 x に対するポテンシャル U の変化が，図のように描かれているとします．点 A と点 B はどちらも $\dfrac{dU}{dx}=0$ となっているので，保存力 F とポテンシャル U の関係から

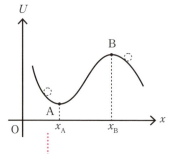

$$F = -\dfrac{dU}{dx} = 0$$

となり，点 A と点 B はどちらも力がつりあっています．仮に，物体が点 A から少し右にずれたとすると，力は左向きにはたらき，少し左にずれたとすると，力は右向きにはたらくので，点 A は安定なつりあいの点になっています．一方，物体が点 B から少し右にずれたとすると，力も右向きにはたらくため，点 B は不安定なつりあいの点になっています．

> この場合も，U-x グラフ上に置かれたボールのイメージと一致しています．

講義 12
力学的エネルギー保存則

いくつかの力学現象を例にして，運動方程式から力学的エネルギー保存則が導かれる過程を確認していきましょう．今回の講義では，いくつも空欄が設けられていますので，今までの復習として空欄を埋めながら読み進めてみてください．

▶▶ 力学的エネルギー保存則を導いてみよう！

課題 図のように，鉛直上向きに y 軸を設定します．質量 m の物体が y 軸に平行に運動し，時刻 t における物体の位置を y，速度を v とします．重力加速度の大きさを g とします．
(1) 物体の運動方程式を v を用いて表しなさい．

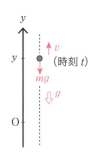

◀解答▶

(1) 物体の運動方程式は，

$$\text{(a)}$$

(2) 運動方程式をエネルギー積分して，力学的エネルギー保存則を導きなさい．

◀解答▶

(2) 運動方程式 $m\dfrac{dv}{dt} = -mg$ の両辺に $v = \dfrac{dy}{dt}$ をかけて

$$\text{(b)}$$

(b)の両辺を t で不定積分します．

$$\int mv\dfrac{dv}{dt}dt = -\int mg\dfrac{dy}{dt}dt$$

> **高校物理** 高校物理では，左の解答(2)で求めた①式を既知の事柄として扱っていきます．すなわち，
>
> $$\underbrace{\dfrac{1}{2}mv^2}_{\text{(運動エネルギー)}} + \underbrace{mgy}_{\text{(位置エネルギー)}} = C \quad \text{(=一定)}$$
>
> という力学的エネルギー保存

(a) $m\dfrac{dv}{dt} = -mg$ (b) $mv\dfrac{dv}{dt} = -mg\dfrac{dy}{dt}$

$$m\int v\,dv = -mg\int dy$$

$$m \cdot \frac{1}{2}v^2 = -mg \cdot y + C \quad (C は積分定数)$$

$$\therefore \quad \frac{1}{2}mv^2 + mgy = C$$

したがって，ここで成り立つ力学的エネルギー保存則は，以下のように書くことができます．

$$\frac{1}{2}mv^2 + mgy = 一定 \quad \cdots ① \quad 答$$

(3) 時刻 $t=0$ における物体の位置を $y=0$，速度を $v=v_0$ とします．v, y, v_0 の間に成り立つ力学的エネルギー保存則の式をかきなさい．

◀解答▶

(3) ここからの解答は，高校物理と同じです．右の欄の(3)を参照してください．

則が成り立っているものとして問題を解いていきます．例えば，(3)の解答は次のようになります．

(3) 時刻 t と時刻 $t=0$ の2つの状態間に成り立つ力学的エネルギー保存則（①式）を考えて，

$$\frac{1}{2}mv^2 + mgy$$
$$= \frac{1}{2}mv_0^2 + mg \times 0$$

$$\therefore \quad \frac{1}{2}mv^2 + mgy = \frac{1}{2}mv_0^2 \quad 答$$

練習問題1

図のように，ばね定数 k のばねの一端を固定し，他端に質量 m の小球を取り付け，なめらかな水平面上で振動させます．ばねが自然長のときの小球の位置を原点 O とし，ばねが伸びる向きを x 軸正の向きとします．

▶(1) 時刻 t における小球の位置を x，速度を v として，小球の運動方程式を v を用いて表しなさい．

◀解答▶

(1) 小球の運動方程式は，

(c)

(c) $m\dfrac{dv}{dt} = -kx$

▶(2) 運動方程式をエネルギー積分して，力学的エネルギー保存則を導きなさい．

◀解答▶

(2) 運動方程式 $m\dfrac{dv}{dt} = -kx$ をエネルギー積分して，

$$\boxed{\quad\text{(d)}\quad}$$

$$\frac{1}{2}mv^2 = -\frac{1}{2}kx^2 + C \quad (C \text{ は積分定数})$$

$$\frac{1}{2}mv^2 + \frac{1}{2}kx^2 = C$$

したがって，ここで成り立つ力学的エネルギー保存則は，以下のように書くことができます．

$$\frac{1}{2}mv^2 + \frac{1}{2}kx^2 = 一定 \quad \cdots ② \quad \boxed{答}$$

▶(3) 時刻 $t=0$ のとき，位置 $x=A$ にあった小球から静かに手をはなしたとします．v, x, A の間に成り立つ力学的エネルギー保存則の式をかきなさい．

◀解答▶

(3) 時刻 t と時刻 $t=0$ の 2 つの状態間に成り立つ力学的エネルギー保存則は②式より，

$$\frac{1}{2}mv^2 + \frac{1}{2}kx^2 = \frac{1}{2}m \times 0^2 + \frac{1}{2}kA^2$$

$$\therefore \quad \frac{1}{2}kv^2 + \frac{1}{2}kx^2 = \frac{1}{2}kA^2 \quad \boxed{答}$$

---

(3)の別解

(3)だけを単独で解答するなら，運動方程式から始めます．

$$m\frac{dv}{dt} = -kx$$

の両辺に $v = \dfrac{dx}{dt}$ をかけてから，時刻 0 から t まで t で定積分して，

$$\int_0^t mv\frac{dv}{dt}dt = -\int_0^t kx\frac{dx}{dt}dt$$

置換積分を利用して，両辺の積分変数を変換します．

t	$0 \to t$
v	$0 \to v$

t	$0 \to t$
x	$A \to x$

だから

$$\boxed{\quad\text{(e)}\quad}$$

(d) $\displaystyle\int mv\frac{dv}{dt}dt = -\int kx\frac{dx}{dt}dt$

(e) $\displaystyle\int_0^v mvdv = -\int_A^x kxdx$

$$m\left[\frac{1}{2}v^2\right]_0^v = -k\left[\frac{1}{2}x^2\right]_A^x$$

$$\frac{1}{2}mv^2 = -\frac{1}{2}kx^2 + \frac{1}{2}kA^2$$

$$\therefore \quad \frac{1}{2}mv^2 + \frac{1}{2}kx^2 = \frac{1}{2}kA^2$$

左の欄の答えと同じになります．

練習問題 2

図のように，質量 M の天体の中心が原点 O に静止しており，質量 m の物体が x 軸上を運動してます．時刻 t における物体の位置を x，速度を v とし，万有引力定数を G とします．

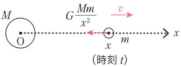

(時刻 t)

▶▶ (1) 物体の運動方程式を v を用いて表しなさい．

◀解答▶

(1) 物体の運動方程式は，

$$\text{(f)}$$

▶▶ (2) 運動方程式をエネルギー積分して，力学的エネルギー保存則を導きなさい．

◀解答▶

(2) (f)の両辺をエネルギー積分して，

$$\text{(g)}$$

$$\int mv\,dv = -\int G\frac{Mm}{x^2}dx$$

$$\frac{1}{2}mv^2 = G\frac{Mm}{x} + C \quad (C \text{ は積分定数})$$

$$\frac{1}{2}mv^2 - G\frac{Mm}{x} = C$$

(f) $m\dfrac{dv}{dt} = -G\dfrac{Mm}{x^2}$ (g) $\int mv\dfrac{dv}{dt}dt = -\int G\dfrac{Mm}{x^2}\dfrac{dx}{dt}dt$

したがって，ここで成り立つ力学的エネルギー保存則は，以下のように表されます．

$$\frac{1}{2}mv^2 - G\frac{Mm}{x} = 一定 \quad \cdots ③ \quad \text{答}$$

▶(3) 天体の半径を R とします．天体の表面から物体を初速度 v_0 で打ち上げ，物体が再び天体に戻らないようにしたい．v_0 の最小値（脱出速度）を求めなさい．

◀解答▶

(3) ここからの解答は，高校物理と同じです．右の欄の(3)を参照してください．

(3) 高校物理では，力学的エネルギー保存則を表す③式から解答が始まります．

物体が打ち上げられたときは，③式において $v=v_0, x=R$ と考えます．また，物体が無限の遠方に行って止まると考えて③式において $v=0$，$x \to \infty$ とします．したがって，

$$\frac{1}{2}mv_0^2 - G\frac{Mm}{R} = 0$$

ここで，$v_0 > 0$ だから

$$v_0 = \sqrt{\frac{2GM}{R}} \quad \text{答}$$

講義 13
変数分離形になる運動方程式(1)

運動方程式 $m\dfrac{dv}{dt}=F$ のように，微分（導関数）を含む方程式を微分方程式といいます．また，与えられた微分方程式をみたす関数を求めることを微分方程式を解くといいます．今回と次回の講義では，運動方程式が変数分離形の微分方程式になる力学現象を取り上げ，その扱いについて学習していきます．

≫ 雨粒の落下運動について考えよう！

課題 図のように，鉛直下向きに x 軸を設定します．質量 m の雨粒が，速さに比例する（比例定数 k）空気抵抗力を受けながら鉛直下向きに落下しています．重力加速度を g とします．
(1) 時刻 t における雨粒の速度を v として，雨粒の運動方程式を立てなさい．

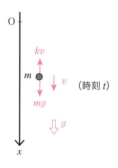

（時刻 t）

◀解答▶

(1) 雨粒にはたらく力は，右上の図のように表されるので，雨粒の運動方程式は，

$$m\dfrac{dv}{dt}=mg-kv \quad \cdots \text{①} \quad \boxed{\text{答}}$$

①式は微分（導関数）を含んでいるので，微分方程式です．

(2) (1)の運動方程式（微分方程式）を解き，時刻 t における雨粒の速度 v を式で表しなさい．

◀解答▶

(2) 変数分離の準備をします．
①式より，$m \neq 0$ なので

変数分離は，
$$\int (x\text{ だけの式})\cdot dx = \int (y\text{ だけの式})\cdot dy$$

$$\frac{dv}{dt} = g - \frac{k}{m}v$$

$$\frac{dv}{dt} = -\frac{k}{m}\left(v - \frac{mg}{k}\right) \quad \cdots ②$$

$$\frac{1}{v - \frac{mg}{k}} \cdot \frac{dv}{dt} = -\frac{k}{m}$$

> の形をめざして変形していきます．詳しくは数学のてびき p.177 "変数分離形の微分方程式の解き方" を参照してください．

> ここでは，$v \neq \frac{mg}{k}$ としています．

両辺を t で積分して，

$$\int \frac{1}{v - \frac{mg}{k}} \cdot \frac{dv}{dt} dt = \int \left(-\frac{k}{m}\right) dt$$

置換積分の性質から，

$$\int \frac{1}{v - \frac{mg}{k}} dv = -\frac{k}{m} \int dt$$

$$\log\left|v - \frac{mg}{k}\right| = -\frac{k}{m}t + C_1 \quad （C_1 は積分定数）$$

$$v - \frac{mg}{k} = \pm e^{-\frac{k}{m}t + C_1}$$

$$v - \frac{mg}{k} = \pm e^{C_1} \cdot e^{-\frac{k}{m}t}$$

> 数学のてびき p.178 "対数関数の微分" より
> $$(\log|x|)' = \frac{1}{x}$$
> でしたので，積分公式
> $$\int \frac{1}{x} dx = \log|x| + C$$
> が成り立ちます．

ここで，改めて $\pm e^{C_1} = C$ とおくと，

$$v - \frac{mg}{k} = Ce^{-\frac{k}{m}t}$$

$$\therefore \quad v = Ce^{-\frac{k}{m}t} + \frac{mg}{k} \quad \cdots ③ \quad （C は任意定数）\;\boxed{答}$$

> 少し細かい説明をすると，ここでは $C \neq 0$ となりますが，$v = \frac{mg}{k}$ のときを考慮すると，②式より $\frac{dv}{dt} = 0$ となり，これは③式において $C = 0$ とすることに対応しているので，③式の C は 0 を含む任意定数とすることができます．

講義 13 変数分離形になる運動方程式(1)

(3) 時刻 $t=0$ のときの雨粒の速度を $v=0$ として，時刻 t における雨粒の速度 v をさらに具体的に表しなさい．

◀解答▶

(3) ③式において，$t=0$ のとき $v=0$ だから

$$C = -\frac{mg}{k}$$

したがって

$$v = \frac{mg}{k}\left(1 - e^{-\frac{k}{m}t}\right) \quad \text{答}$$

(4) 雨粒の終端速度を求めなさい．

◀解答▶

(4) 雨粒の終端速度は，$t \to +\infty$ としたときの v の極限を考えればよいから，

$$\lim_{t \to +\infty} v = \lim_{t \to +\infty} \frac{mg}{k}\left(1 - e^{-\frac{k}{m}t}\right)$$

$$= \frac{mg}{k} \quad \text{答}$$

(5) 雨粒の運動を表す v-t グラフをかきなさい．

◀解答▶

(5) 雨粒の運動を表す v-t グラフは以下のようになります．

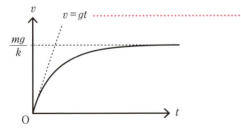

雨粒の運動方程式①において，$t=0$ のとき $v=0$ だから

$$\frac{dv}{dt} = g$$

したがって，$t=0$ のとき v-t グラフの傾きは g となり，グラフは $t=0$ において直線 $v=gt$ に接しています．

▶▶▶ 空気抵抗を受ける物体の運動を考えよう！

練習問題

図のように，傾斜角 θ のあらい斜面上の最大傾斜下向きに x 軸を設定します．x 軸上を帆の付いた質量 m のそりがすべり降りています．そりと斜面との間の動摩擦係数を μ，重力加速度の大きさを g とし，また，帆にはそりの速さに比例する空気抵抗力がはたらき，その比例定数を k とします．

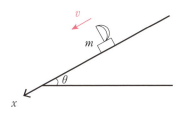

▶▶ (1) 時刻 t におけるそりの速度を v として，そりの運動方程式をかきなさい．

◀解答▶

 (1) そりにはたらく力は，右図のように表されるので，そりの運動方程式は，

$$m\frac{dv}{dt} = mg\sin\theta - \mu mg\cos\theta - kv$$

答 … ①

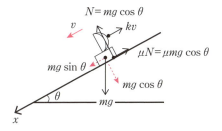

▶▶ (2) 時刻 $t=0$ のときのそりの速度を $v=0$ として，時刻 t におけるそりの速度 v を式で表しなさい．

◀解答▶

 (2) 変数分離の準備をします．$m \neq 0$ なので，①より

$$\frac{dv}{dt} = g\sin\theta - \mu g\cos\theta - \frac{k}{m}v$$

$$\frac{dv}{dt} = -\frac{k}{m}\left\{v - \frac{mg}{k}(\sin\theta - \mu\cos\theta)\right\}$$

ここで，変数分離をします．

$$\int \frac{1}{v - \frac{mg}{k}(\sin\theta - \mu\cos\theta)} dv = -\frac{k}{m}\int dt$$

$$\log\left|v - \frac{mg}{k}(\sin\theta - \mu\cos\theta)\right| = -\frac{k}{m}t + C_1$$

（C_1 は積分定数）

> 分母が 0 の場合の考察は省略します．

> 積分公式
> $\int \frac{1}{x} dx = \log|x| + C$
> を用いて変形します．

$$v - \frac{mg}{k}(\sin\theta - \mu\cos\theta) = \pm e^{-\frac{k}{m}t + C_1}$$

$$= \pm e^{C_1} \cdot e^{-\frac{k}{m}t}$$

ここで，改めて $\pm e^{C_1} = C$ とおくと，

$$v - \frac{mg}{k}(\sin\theta - \mu\cos\theta) = Ce^{-\frac{k}{m}t}$$

$t=0$ のとき $v=0$ だから

$$C = -\frac{mg}{k}(\sin\theta - \mu\cos\theta)$$

したがって，

$$v - \frac{mg}{k}(\sin\theta - \mu\cos\theta)$$

$$= -\frac{mg}{k}(\sin\theta - \mu\cos\theta)e^{-\frac{k}{m}t}$$

$$\therefore\ v = \frac{mg}{k}(\sin\theta - \mu\cos\theta)\left(1 - e^{-\frac{k}{m}t}\right)\ \boxed{答}$$

▶▶(3) そりの終端速度を求めなさい．

◀解答▶

(3) そりの終端速度は

$$\lim_{t \to +\infty} \frac{mg}{k}(\sin\theta - \mu\cos\theta)\left(1 - e^{-\frac{k}{m}t}\right)$$

$$= \frac{mg}{k}(\sin\theta - \mu\cos\theta)\ \boxed{答}$$

講義 14
変数分離形になる運動方程式(2)

　前回に引き続き、運動方程式が変数分離形の微分方程式になる力学現象について学習していきます。今回のテーマは"単振動"です。単振動は、高校物理でも"ばね振り子"などを通してていねいに学習したと思いますが、実は、大事な点が抜けていたことにあなたは気付いていたでしょうか。「ばね振り子の運動が、なぜ単振動になるのか？」ということは直接的には示されていなかったのです。（間接的には色々な方法で説明されていますが……）

　今回の講義では、古典力学の原理である運動方程式 $m\dfrac{dv}{dt} = -kx$ から出発し、この微分方程式を解くことにより、ばね振り子のおもりの変位 x を求め、直接的にばね振り子の運動が単振動になることを示していきたいと思います。

▶▶ 単振動とは何かを確認しておこう！

復習　図のように、点 C を中心とする半径 A の円周上を物体 P が角速度 ω で等速円運動をしています。P から x 軸に下ろした垂直の足（正射影）Q は、原点 O を中心とする往復運動をしますが、このような運動を　(a)　といいます。時刻 $t=0$ における物体 P の線分 CO からの回転角を ϕ とすると、時刻 t における Q の変位 x は次のように表すことができます。

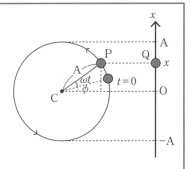

$$x = \boxed{\quad (b) \quad} \quad \cdots \text{①}$$

　一般に物体の変位 x が、①式のように時刻 t の正弦関数で表されるとき、物体の運動は単振動であると言えます。

> 単振動において、A を振幅、ω を角振動数、ϕ を初期位相と呼んでいます。

(a) 単振動　　(b) $A\sin(\omega t + \phi)$

≫ ばね振り子の運動について考えよう！

課題　図のように，ばね定数 k のばねの一端を固定し他端に質量 m のおもりを取り付け，なめらかな水平面上に置きます．ばねが自然長のときのおもりの位置を原点 O とし，ばねが伸びる向きを x 軸正の向きとします．時刻 $t=0$ のとき位置 $x=A$ でおもりを静かにはなしました．

(1) 時刻 t におけるおもりの位置を x，速度を v として，おもりの運動方程式を立てなさい．

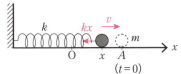

◀解答▶

(1) おもりの運動方程式は，

$$m\frac{dv}{dt} = -kx \quad \cdots ② \quad \text{答} \quad \left(\text{または，} \quad m\frac{d^2x}{dt^2} = -kx \quad \cdots ②' \right)$$

(2) (1)で立てた運動方程式をエネルギー積分して，成り立つエネルギー保存則の式を求めなさい．

◀解答▶

(2) ②式をエネルギー積分して

$$\boxed{\text{(a)}}$$

$$m\int v\,dv = -k\int x\,dx$$

$$\frac{1}{2}mv^2 = -\frac{1}{2}kx^2 + C_1 \quad \cdots ③ \quad (C_1 \text{ は積分定数})$$

ここで，$t=0$ のとき $x=A$，$v=0$ だから，これらの値を③式に代入すると，

$$0 = -\frac{1}{2}kA^2 + C_1 \quad \therefore \quad C_1 = \frac{1}{2}kA^2$$

したがって，ここで成り立つエネルギー保存則は，次のように表すことができます．

(a) $\displaystyle\int mv\frac{dv}{dt}dt = -\int kx\frac{dx}{dt}dt$

$$\frac{1}{2}mv^2 + \frac{1}{2}kx^2 = \frac{1}{2}kA^2 \quad \cdots \text{④} \quad \boxed{\text{答}}$$

(3) (2)で求めたエネルギー保存則の式と $v = \dfrac{dx}{dt}$ の式を用いて，時刻 t におけるおもりの変位 x と速度 v の式をそれぞれ求めなさい．

◀解答▶

(3) ④式から v を求めると，
$$v = \sqrt{\frac{k}{m}}\sqrt{A^2 - x^2}$$

※ 本当は，
$$v = \pm\sqrt{\frac{k}{m}}\sqrt{A^2 - x^2}$$
なのですが，とりあえず $v > 0$ として計算をしていきます．

ここで，$v = \dfrac{dx}{dt}$ だから
$$\frac{dx}{dt} = \sqrt{\frac{k}{m}}\sqrt{A^2 - x^2}$$

変数分離をして積分すると，
$$\int \frac{1}{\sqrt{A^2 - x^2}}\,dx = \int \sqrt{\frac{k}{m}}\,dt$$

右辺と左辺を別々に計算します．
$$(\text{右辺}) = \sqrt{\frac{k}{m}}\,t + C_2 \quad (C_2 \text{ は積分定数})$$

この置き方については，数学のてびき p.179 を参照してください．

左辺は置換積分を使います．$x = A\sin\theta \quad \cdots \text{⑤}$ とおき，⑤式の両辺を θ で微分すると，
$$\frac{dx}{d\theta} = A\cos\theta$$

だから，
$$\begin{aligned}(\text{左辺}) &= \int \frac{1}{\sqrt{A^2 - A^2\sin^2\theta}} \cdot A\cos\theta\,d\theta \\ &= \int \frac{1}{A\cos\theta} \cdot A\cos\theta\,d\theta \\ &= \int d\theta \\ &= \theta + C_3 \quad (C_3 \text{ は積分定数})\end{aligned}$$

ここでは，置換積分法（数学のてびき p.176）
$$\int f(x)\,dx = \int f(x)\frac{dx}{d\theta}\,d\theta$$
の関係を用いて変形しています．

なお，$\dfrac{dx}{d\theta} = A\cos\theta$ は形式的に $dx = A\cos\theta\,d\theta$ と書き，dx を $A\cos\theta\,d\theta$ に置き換えたと考えることもできます．

（左辺）＝（右辺）より

$$\theta + C_3 = \sqrt{\frac{k}{m}}\,t + C_2 \quad \therefore \quad \theta = \sqrt{\frac{k}{m}}\,t + (C_2 - C_3)$$

改めて，$C_2 - C_3 = C$ とおくと

$$\theta = \sqrt{\frac{k}{m}}\,t + C$$

これを⑤式に代入して

$$x = A\sin\left(\sqrt{\frac{k}{m}}\,t + C\right) \quad \cdots ⑥$$

ここで $v = \dfrac{dx}{dt}$ だから，⑥式の両辺を t で微分すると，

$$v = A\sqrt{\frac{k}{m}}\cos\left(\sqrt{\frac{k}{m}}\,t + C\right) \quad \cdots ⑦$$

初期条件より，$t=0$ のとき $x=A$，$v=0$ だから⑥式より

$$A = A\sin C \quad \therefore \quad \sin C = 1$$

⑦式より

$$0 = A\sqrt{\frac{k}{m}}\cos C \quad \therefore \quad \cos C = 0$$

$0 \leqq C < 2\pi$ だから $C = \dfrac{\pi}{2}$

したがって，

$$x = A\sin\left(\sqrt{\frac{k}{m}}\,t + \frac{\pi}{2}\right) \quad \cdots ⑧$$

$$\therefore \quad x = A\cos\sqrt{\frac{k}{m}}\,t \quad \cdots ⑧' \quad \boxed{答}$$

$$v = A\sqrt{\frac{k}{m}}\cos\left(\sqrt{\frac{k}{m}}\,t + \frac{\pi}{2}\right)$$

$$\therefore \quad v = -A\sqrt{\frac{k}{m}}\sin\sqrt{\frac{k}{m}}\,t \quad \boxed{答}$$

---

⑧'式において
位相 $\sqrt{\dfrac{k}{m}}\,t = 2\pi$ となる時刻が周期 T だから

$$\sqrt{\frac{k}{m}}\,T = 2\pi$$

$$\therefore \quad T = 2\pi\sqrt{\frac{m}{k}}$$

この式は高校物理でもおなじみのばね振り子の周期を表す公式です．

ばね振り子の周期　$T = 2\pi\sqrt{\dfrac{m}{k}}$

---

p.67 の※で考えたように $v = -\sqrt{\dfrac{k}{m}}\sqrt{A^2 - x^2}$ の場合もあるので，試しに計算を

してみてください．上と同じ結果が得られると思います．

おもりの変位 x を表す⑧式が，$x = A \sin(\omega t + \phi)$（①式）と同じ形になったので，ばね振り子の運動が単振動になることが示されました．

したがって，単振動を表す運動方程式

$$m\frac{dv}{dt} = -kx \quad （②式），\quad m\frac{d^2x}{dt^2} = -kx \quad （②'式）$$

の一般解は，$x = A \sin(\omega t + \phi)$（①式）の形で表されることがわかります．

力学のまとめ
～1次元の運動を中心に～

● 速度・加速度と微分の関係

$$\text{速度 } v = \lim_{\Delta t \to 0} \frac{\Delta x}{\Delta t} = \frac{dx}{dt}$$

$$\text{加速度 } a = \lim_{\Delta t \to 0} \frac{\Delta v}{\Delta t} = \frac{dv}{dt} = \frac{d^2 x}{dt^2}$$

● 位置・速度・加速度と微分・積分の関係

位置 x ⇄(t で微分する / t で積分する) 速度 v ⇄(t で微分する / t で積分する) 加速度 a

● 仕事と内積の関係

$$\text{仕事 } W = \boldsymbol{F} \cdot \boldsymbol{x} = |\boldsymbol{F}||\boldsymbol{x}|\cos\theta$$
$$(0° \leq \theta \leq 180°)$$

● 運動量の変化と力積の関係

運動方程式 $m\dfrac{dv}{dt} = F$ の両辺を $t=t_1$ から $t=t_2$ まで定積分する.

$$\int_{t_1}^{t_2} m\frac{dv}{dt}dt = \int_{t_1}^{t_2} F\,dt \quad \to \quad m\int_{v_1}^{v_2} dv = \int_{t_1}^{t_2} F\,dt$$

$$\underbrace{mv_2 - mv_1}_{\text{運動量の変化}} = \underbrace{\int_{t_1}^{t_2} F\,dt}_{\text{物体が受けた力積}}$$

● 運動量保存則

衝突中の A の運動方程式　　衝突中の B の運動方程式
$m_A \dfrac{dv_A}{dt} = -F$　　　$m_B \dfrac{dv_B}{dt} = F$

運動方程式の両辺を $t=t_1$ から $t=t_2$ まで定積分する.

$\displaystyle\int_{t_1}^{t_2} m_A \frac{dv_A}{dt}dt = \int_{t_1}^{t_2}(-F)dt$　　$\displaystyle\int_{t_1}^{t_2} m_B \frac{dv_B}{dt}dt = \int_{t_1}^{t_2} F\,dt$

$\displaystyle m_A \int_{v_{A1}}^{v_{A2}} dv_A = -\int_{t_1}^{t_2} F\,dt$　　$\displaystyle m_B \int_{v_{B1}}^{v_{B2}} dv_B = \int_{t_1}^{t_2} F\,dt$

$\displaystyle m_A v_{A2} - m_A v_{A1} = -\int_{t_1}^{t_2} F\,dt$　　$\displaystyle m_B v_{B2} - m_B v_{B1} = \int_{t_1}^{t_2} F\,dt$

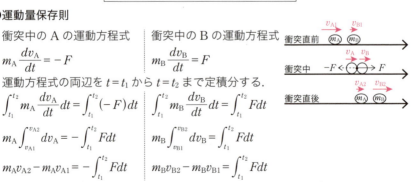

上の2式の辺々を加えて
――― 運動量保存則 ―――
$$m_A v_{A1} + m_B v_{B1} = m_A v_{A2} + m_B v_{B2}$$

● エネルギーの変化と仕事の関係

運動方程式 $m\dfrac{dv}{dt}=F$ の両辺に $v=\dfrac{dx}{dt}$ をかけてから $t=t_1$ から $t=t_2$ まで定積分する.

$$\int_{t_1}^{t_2} mv\dfrac{dv}{dt}dt = \int_{t_1}^{t_2} F\dfrac{dx}{dt}dt$$

置換積分を利用して両辺の積分変数を変換する.

$$m\int_{v_1}^{v_2} vdv = \int_{x_1}^{x_2} Fdx$$

$$\underbrace{\dfrac{1}{2}mv_2^2 - \dfrac{1}{2}mv_1^2}_{\text{運動エネルギーの変化}} = \underbrace{\int_{x_1}^{x_2} Fdx}_{\text{物体がされた仕事}}$$

● エネルギー保存則

例）水平方向のばね振り子

運動方程式　　$m\dfrac{dv}{dt}=-kx$

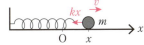

エネルギー積分　$\displaystyle\int mv\dfrac{dv}{dt}dt = \int(-kx)\dfrac{dx}{dt}dt$

$$m\int vdv = -k\int xdx$$

$$\dfrac{1}{2}mv^2 = -\dfrac{1}{2}kx^2 + C \quad (C：積分定数)$$

┌── ばね振り子のエネルギー保存則 ──┐
$$\dfrac{1}{2}mv^2 + \dfrac{1}{2}kx^2 = (一定)$$

● 保存力とポテンシャルの関係

$$F = -\dfrac{dU(x)}{dx}$$

例）水平方向のばね振り子

　　ポテンシャル　$U=\dfrac{1}{2}kx^2$

　　保存力　$F=-\dfrac{dU}{dx}=-kx$

接線の傾きが $\dfrac{dU}{dx}<0$ なので
$F=-\dfrac{dU}{dx}>0$ となり,
保存力 F は正の向きにはたらく

接線の傾きが $\dfrac{dU}{dx}>0$ なので
$F=-\dfrac{dU}{dx}<0$ となり,
保存力 F は負の向きにはたらく

講義 15
クーロンの法則からガウスの法則までの復習

今回の講義から電磁気学の分野に入っていきます．早速，微積やベクトルを使って説明を始めたいところなのですが，電磁気学の初めの部分（クーロンの法則からガウスの法則まで）は，高校物理の中にも重要な内容がたくさん含まれているので，まずは高校物理の範囲を復習してから本格的に始めていきたいと思います．穴埋め形式になっていますので，記憶をたどりながら読み進めていってください．

▶▶ クーロンの法則を復習しよう！

復習 図1のように，電気量の大きさが $Q\,[\mathrm{C}]$，$q\,[\mathrm{C}]$ の2つの点電荷が，真空中に距離 $r\,[\mathrm{m}]$ 隔てて置かれています．このとき，2つの点電荷の間にはたらく**静電気力**の大きさ $F\,[\mathrm{N}]$ は，真空の誘電率 $\varepsilon_0\,[\mathrm{C^2/Nm^2}]$ を用いて次のように表すことができます．

図1

┌──── クーロンの法則 高校物理 ────┐
│ $F =$ 　(a)   │
└──────────────┘

静電気力は，2つの点電荷を結ぶ直線上ではたらき，2つの点電荷の電気量が同符号のときは （b） 力となり，異符号のときは （c） 力となります．

> クーロンの法則を $F = k\dfrac{qQ}{r^2}$ という形で覚えていた人は，比例定数を $k = \dfrac{1}{4\pi\varepsilon_0}$ に置きかえてください．こうすることにより，あとで学習するガウスの法則で，電気力線の本数が有理化され（π を消すことができる），誘電体中の電気力線についても，誘電率を用いて表現できるようになり便利です．

▶▶ 電場について復習しよう！

上のクーロンの法則において，$q\,[\mathrm{C}]$ の電荷は，$Q\,[\mathrm{C}]$ の電荷から直接に静電気力を受けているので

(a) $\dfrac{1}{4\pi\varepsilon_0} \cdot \dfrac{qQ}{r^2}$　　(b) 斥　　(c) 引

はありません．図2のように，空間に Q [C] の電荷があると，まず，その周囲の空間が，他の電荷に静電気力を及ぼすような状態に変化し，q [C] の**電荷は状態が変化したその空間から静電気力を受ける**と考えられています．このように，電荷に対して静電気力を及ぼすような状態になった空間のことを (d) と呼んでいます．

図2

次に，電場の定義について確認をしておきましょう．考えている空間の電場のようすを知るためには，その位置に +1 C の電荷（単位試験電荷）を置き，その電荷にはたらく静電気力を調べればわかります．したがって，電場は次のように定義されています．

S1（国際単位系）において単位電荷は +1 C です．また試験電荷とは，電場のようすを調べるために持ち込んだ電荷が，元の電場を乱さないような理想的な電荷という意味です．

―― 電場の定義 ――[高校物理]

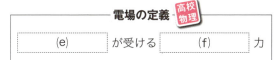

(e) が受ける (f) 力

また，+1 C の電荷が受ける静電気力が電場 E を表しているので，q [C] の電荷が受ける静電気力 F は次のように表すことができます．

ここでは，大きさだけでなく向きも含めて議論しているので，ベクトルで表しています．

―― 電荷が電場から受ける力 ――[高校物理]

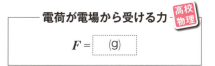

$$F = \boxed{\text{(g)}}$$

さらに，Q [C] の点電荷が，そこから r [m] 離れた位置につくる電場の強さ E [N/C] は，その位置に置かれた +1 C の電荷が受ける静電気力の大きさによって表されるので，次のようになります．

ここは大きさだけの議論にしました．

―― 点電荷がつくる電場 ――[高校物理]

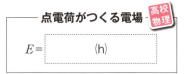

$$E = \boxed{\text{(h)}}$$

(d) 電場　(e) +1 C の電荷（または単位試験電荷）　(f) 静電気（またはクーロン）

(g) $q\boldsymbol{E}$　(h) $\dfrac{1}{4\pi\varepsilon_0} \cdot \dfrac{1 \times Q}{r^2} = \dfrac{1}{4\pi\varepsilon_0} \cdot \dfrac{Q}{r^2}$

▶▶▶ 電気力線について復習しよう！

図3のように，電場中で正の試験電荷を静電気力の受ける向きに少しずつ動かしていくと，1本の線を描くことができます．この線を (i) といいます．

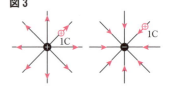

図3

したがって，電気力線は (j) の電荷からわき出し， (k) の電荷に吸い込まれます．

図4のように，電気力線上の各点での接線の向き（太い矢印）は，正の試験電荷が静電気力を受けている向きなので， (l) の向きと一致しています．さらに，電場が強い所ほど電気力線が (m) しているので，電場の強さは電気力線の密度で表現することができます．

図4
太矢印⇨は，その点での電場を表しています．

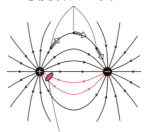

電場の強さ E [N/C]．
1 m^2 あたり電気力線が E 本貫いています．

そこで，**電場の強さ E [N/C] の所では，電場と垂直な断面 1 m^2 あたり電気力線を E 本の割合で引く**ものと約束しています．

▶▶▶ ガウスの法則を復習しよう！

真空中において，Q [C] の正の点電荷からわき出す電気力線の総本数 N を求めてみましょう．図5のように Q [C] の正の点電荷を中心とする半径 r [m] の球面を S とします．球面 S 上での電場の強さ E [N/C] は，真空の誘電率 ε_0 [C²/Nm²] を用いて表すと，$E=$ (n) となり，電場の向きは球面 S に垂直になります．S を貫く電気力線は 1 m^2 あたり E 本と約束したので，S の面積が (o) [m²] であることを考慮すると，S 全体を貫く電気

図5

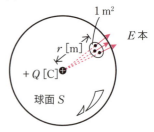

(i) 電気力線　(j) 正　(k) 負　(l) 電場
(m) 密集　(n) $\dfrac{1}{4\pi\varepsilon_0} \cdot \dfrac{Q}{r^2}$　(o) $4\pi r^2$

力線の総本数は $\boxed{\qquad (p) \qquad}$ と
なります．これが Q [C] の点電荷からわき出す電
気力線の総本数 N になります．

一般に，真空中において次の法則が成り立ちます．

任意の閉曲面を貫く電気力線の総本数	$=$	$\dfrac{\text{閉曲面内の全電荷 } Q}{\varepsilon_0}$

この法則を**ガウスの法則**といいます．

ここでは，閉曲面として球面 S を考えましたが，**任意の閉曲面で扱える理由について**は講義 17 で詳しく説明します．

(p) $E \times 4\pi r^2 = \dfrac{1}{4\pi\varepsilon_0} \cdot \dfrac{Q}{r^2} \times 4\pi r^2 = \dfrac{Q}{\varepsilon_0}$

講義 16
電場の合成

前回の講義でクーロンの法則からガウスの法則までの復習が終わりましたので，今回からは微積やベクトルを使った説明を始めていきます．今回のテーマは "電場の合成" です．復習にも出てきたように，電場は「＋1C が受ける静電気力」と定義されているので，電場はベクトルです．電場を足し合わせるときには，ベクトルであることを注意しながら合成しましょう．もちろん微積も登場してきます．

▶▶ 点電荷がつくる電場を合成してみよう！

復習 図1のように，真空中で点 A $(-3r, 0)$ に $+Q$ $(Q>0)$ [C]，点 B $(3r, 0)$ に $-Q$ [C] の点電荷を固定します．点 P $(0, 4r)$ における電場の向きと強さを求めなさい．ただし，真空中の誘電率を ε_0 [C²/Nm²] とします．

図1

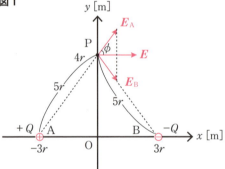

◀解答▶

微積物理 点 A, B に固定した2つの点電荷が，点 P につくる電場をそれぞれ $\boldsymbol{E}_A$, $\boldsymbol{E}_B$ とします．$\boldsymbol{E}_A$, $\boldsymbol{E}_B$ の大きさ（強さ）E_A, E_B は等しく，向きは図1のようになります．AP, BP の距離は三平方の定理より，どちらも $5r$ なので，点電荷がつくる電場の式より，

$$E_A = E_B = \frac{1}{4\pi\varepsilon_0} \cdot \frac{Q}{(5r)^2} = \frac{Q}{100\pi\varepsilon_0 r^2}$$

点 P における電場 $\boldsymbol{E}$ は，$\boldsymbol{E}_A$ と $\boldsymbol{E}_B$ を合成して求めればよいので，向きは **x 軸正の向き**で，強さ E は **答**

$$E = E_A \times \frac{3}{5} \times 2$$
$$= \frac{Q}{100\pi\varepsilon_0 r^2} \times \frac{6}{5}$$
$$= \frac{3Q}{250\pi\varepsilon_0 r^2} \quad \boxed{答}$$

> $E = E_A \times \cos\phi \times 2$
> 図1より
> $$\cos\phi = \frac{3r}{5r} = \frac{3}{5}$$
> だから
> $$E = E_A \times \frac{3}{5} \times 2$$

▶▶▶ 面に分布する電荷がつくる電場を求めよう！

面に電荷が分布している場合，その**面を点と見なせるほど微小な部分に分割すれば，上の復習と同様に点電荷がつくる電場の合成から，面に分布する電荷がつくる電場を求めることができます**．それでは，下の課題を解きながら，その具体的な方法を見ていきましょう．

課題 単位面積あたり σ の正電荷が一様に分布している無限に広い平面があります．そのまわりの真空中の電場を，次の(1)〜(6)の順に求めていきます．

(1) 図2のように，無限に広い平面上に原点Oを定め，この平面を xy 平面と見なします．xy 平面上に原点Oから半径 r 以上 $r+\Delta r$ 以下の細い円環を考えます．この円環の中心角が $\Delta\theta$ の部分の面積を ΔS とし，これを求めなさい．ただし，3次の微小量は2次の微小量に比べてはるかに小さいとして，これを無視できるものとします．

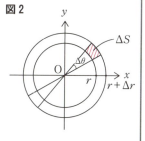

図2

◀解答▶

微積物理 (1)
$$\Delta S = \{\pi(r+\Delta r)^2 - \pi r^2\} \times \frac{\Delta\theta}{2\pi}$$
$$= \{\pi r^2 + 2\pi r\Delta r + \pi(\Delta r)^2 - \pi r^2\} \times \frac{\Delta\theta}{2\pi}$$
$$= r\Delta r\Delta\theta + \frac{(\Delta r)^2 \Delta\theta}{2}$$

ここで，$\dfrac{(\Delta r)^2 \Delta \theta}{2}$ は3次の微小量なので，これを無視すると，

$$\Delta S \fallingdotseq r\Delta r \Delta \theta \quad \text{答}$$

(2) (1)で考えた面積 ΔS の部分に含まれる電荷 ΔQ を求めなさい．

◀解答▶

(2)

$$\Delta Q = \sigma \Delta S = \sigma r \Delta r \Delta \theta \quad \text{答}$$

(3) (1)で考えた面積 ΔS の部分が，点 P$(0, 0, z)$ につくる電場の強さ ΔE を求めなさい．ただし，真空中の誘電率を ε_0 とします．

◀解答▶

(3) 面積 ΔS の部分に含まれる電荷 ΔQ を点電荷と見なすと，

$$\Delta E = \dfrac{1}{4\pi\varepsilon_0} \cdot \dfrac{\Delta Q}{r^2 + z^2}$$

$$= \dfrac{\sigma r \Delta r \Delta \theta}{4\pi\varepsilon_0 (r^2 + z^2)} \quad \text{答}$$

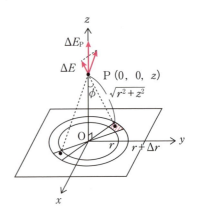

(1)で考えた面積 ΔS の部分と原点 O に対して対称な位置にも面積 ΔS の部分を考えることができます．この2つの部分が点 P につくる電場は，その対称性から x, y 成分は持たず，z 成分のみであることがわかります．これを ΔE_P とします．

(4) ΔE_P を求めなさい.

◀解答▶

(4)
$$\Delta E_P = \Delta E \times \frac{z}{\sqrt{r^2+z^2}} \times 2$$
$$= \frac{\sigma r \Delta r \Delta \theta}{4\pi\varepsilon_0(r^2+z^2)} \times \frac{2z}{\sqrt{r^2+z^2}}$$
$$= \frac{\sigma r z \Delta r \Delta \theta}{2\pi\varepsilon_0(r^2+z^2)^{\frac{3}{2}}} \quad \boxed{答}$$

$\dfrac{z}{\sqrt{r^2+z^2}} = \cos\phi$

を表しています.

(5) 細い円環全体が点Pにつくる電場の強さ E_P を求めなさい.

◀解答▶

(5) E_P は ΔE_P を θ について積分すれば求められます. ΔE_P は原点Oを対称とした2つの部分を考慮して求めたので, θ に関して 0 から π まで積分すればよいことになります.

$$E_P = \int_0^\pi \frac{\sigma r z \Delta r}{2\pi\varepsilon_0(r^2+z^2)^{\frac{3}{2}}} d\theta$$
$$= \frac{\sigma r z \Delta r}{2\pi\varepsilon_0(r^2+z^2)^{\frac{3}{2}}} [\theta]_0^\pi$$
$$= \frac{\sigma r z \Delta r}{2\varepsilon_0(r^2+z^2)^{\frac{3}{2}}} \quad \boxed{答}$$

最後に, 細い円環を無限に広い平面に拡張すれば, 無限に広い平面が点Pにつくる電場の強さ E を求めることができます.

(6) E を求めなさい．

◀解答▶

微積物理

(6) E は E_P を r について 0 から ∞ まで積分すれば求められます．

$$E = \int_0^\infty \frac{\sigma r z}{2\varepsilon_0 (r^2 + z^2)^{\frac{3}{2}}} dr$$

ここで，$r^2 + z^2 = t$ とおき，両辺を r で微分すると，

$$2r = \frac{dt}{dr}$$

$$r\,dr = \frac{1}{2} dt$$

r	$0 \to \infty$
t	$z^2 \to \infty$

$2r = \dfrac{dt}{dr}$ は形式的に $r\,dr = \dfrac{1}{2} dt$ と書き，$r\,dr$ を $\dfrac{1}{2} dt$ に置き換えたと考えることができます．

だから

$$E = \int_{z^2}^\infty \frac{\sigma z}{2\varepsilon_0 t^{\frac{3}{2}}} \cdot \frac{1}{2} dt$$

$$= \frac{\sigma z}{4\varepsilon_0} \int_{z^2}^\infty t^{-\frac{3}{2}} dt$$

$$= \frac{\sigma z}{4\varepsilon_0} \left[-2t^{-\frac{1}{2}} \right]_{z^2}^\infty$$

$$= \frac{\sigma z}{4\varepsilon_0} \left(0 + \frac{2}{z} \right)$$

$$= \frac{\sigma}{2\varepsilon_0} \quad \boxed{答}$$

上の答えから，無限に広い平面に一様に分布した電荷がつくる電場は，点 P の位置（z 座標）に依らないことがわかります．また，電場の向きは面に垂直で外向きになっています．

講義 17
ガウスの法則

古典力学の原理は，ニュートンの運動の3法則として表されているので，力学の講義では，ニュートンの運動の3法則からさまざまな力学法則が導かれることを見てきました．一方，電磁気学の原理は，4つのマックスウェル方程式として表されます．今回の講義では，そのうちの1つである"ガウスの法則"について学習します．まずは講義15で復習した内容についてもう一度確認しておきましょう．

復習 真空中でのガウスの法則は，次のように言い表すことができます．空欄を補充しなさい．

ガウスの法則（高校物理）

$$\text{任意の閉曲面を貫く (a) の総本数} = \frac{\text{閉曲面内の全 (b)}}{\varepsilon_0}$$

≫ ガウスの法則を詳しく見てみよう！

まず，ガウスの法則の左辺にある閉曲面をなぜ"任意"とすることができるのかについて考えてみましょう．講義15では，図1のように点電荷 Q を中心とする球面 S を閉曲面として選びました．図1の点電荷 Q からは8本の電気力線がわき出ており，8本の電気力線が球面 S を貫いていることがわかります．仮に，同じ点電荷 Q を図2のように，デタラメな閉曲面 S' で囲んでみると，閉曲面 S' からは電気力線が10本出て2本入っているので差し引き8本出ていることがわかります．このように，電荷を囲む閉曲面は任意に設定しても貫く電気力線の本数は変わらないので，任

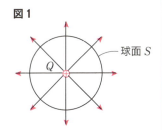

図1 球面 S

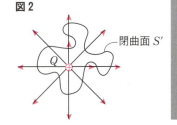

図2 閉曲面 S'

(a) 電気力線　(b) 電荷 Q

意の閉曲面とすることができるのです．

次に，右辺にある"全電荷 Q"について考えてみましょう．講義15では，閉曲面内の電荷を"点電荷 Q"として考えましたが，仮に点電荷が複数存在していたとしても，また，ある領域に電荷が体積分布していたとしても，全電荷が Q であれば，そこからわき出す電気力線の本数は同じになるので，上と同じ議論が成り立つはずです．

》》 ガウスの法則を式で表してみよう！

ここでは，言葉で表されていたガウスの法則を式として表すことを考えてみます．まずは，電場の強さと電気力線の密度の関係について確認しておきましょう．

―――― Ⅰ．電場の強さと電気力線の密度の関係 ――――
電場の強さが $E\,[\mathrm{N/C}]$ の所では，電気力線を**電場と垂直な断面 $1\,\mathrm{m}^2$ あたり E 本**の割合で引く．

もう一度，真空中でのガウスの法則を言葉で表しておきます．

―――― Ⅱ．言葉で表現したガウスの法則 ――――

$$\begin{array}{c}\text{任意の閉曲面を貫く} \\ \text{電気力線の総本数}\end{array} = \dfrac{\text{閉曲面内の全電荷 } Q}{\varepsilon_0}$$

結論を先に書いてしまうと，上のⅠとⅡより真空中でのガウスの法則を式で表すと，次のⅢのようになります．

―――― Ⅲ．**ガウスの法則** ――――
$$\int_S \boldsymbol{E}\cdot\boldsymbol{n}\,dS = \dfrac{Q}{\varepsilon_0}$$

n の説明は，あとで出てきます．

ⅡとⅢの右辺が同じであることはわかると思いますので，Ⅱの左辺がどうしてⅢの左辺のように表されるのかを，ここでは理解していけばよい訳です．

まず，任意の閉曲面 S で考えられるように，閉曲面 S を微小面積 $\Delta S\,[\mathrm{m}^2]$ の部

分に分割して考えます．図3のように，$\Delta S\,[\mathrm{m}^2]$ の部分が電気力線と垂直の場合，この部分を貫く電気力線の本数は，Ⅰの関係より，$E\Delta S$ 本となります．

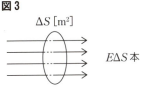
図3

しかし，図4のように，$\Delta S\,[\mathrm{m}^2]$ の部分が電気力線と斜めになっている場合，この部分の電気力線と垂直な断面積は $\Delta S\cos\theta\,[\mathrm{m}^2]$ となるので，この部分を貫く電気力線の本数は，$E\Delta S\cos\theta$ 本となります．$E\Delta S\cos\theta$ は，電場ベクトル $\boldsymbol{E}$ と ΔS の部分の単位法線ベクトル $\boldsymbol{n}$ の内積と考えて，$\boldsymbol{E}\cdot\boldsymbol{n}\Delta S$ と表すことができます．

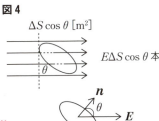
図4

したがって，Ⅱの左辺 **「任意の閉曲面 S を貫く電気力線の総本数」** は，ΔS の部分を貫く電気力線の本数 $\boldsymbol{E}\cdot\boldsymbol{n}\Delta S$ を閉曲面 S 全体でたし合わせたものになるので，

> 単位法線ベクトル $\boldsymbol{n}$ は面に垂直で単位長さのベクトル．

$$\lim_{\Delta S\to 0}\sum_{\text{閉曲面}S}\boldsymbol{E}\cdot\boldsymbol{n}\Delta S$$

となり，これは積分を使って表すと，

$$\lim_{\Delta S\to 0}\sum_{\text{閉曲面}S}\boldsymbol{E}\cdot\boldsymbol{n}\Delta S = \int_{\text{閉曲面}S}\boldsymbol{E}\cdot\boldsymbol{n}dS$$

> このような，「面積についての積分」を**面積分**といいます．また，この後は
> $$\int_{\text{閉曲面}S}\boldsymbol{E}\cdot\boldsymbol{n}dS = \int_S \boldsymbol{E}\cdot\boldsymbol{n}dS$$
> と表すことにします．

となります．

改めて，真空中でのガウスの法則を式で表しておきます．

ガウスの法則

$$\int_S \boldsymbol{E}\cdot\boldsymbol{n}dS = \frac{Q}{\varepsilon_0}\quad（積分形）$$

この式が4つのマックスウェル方程式の中の1つになります．積分形となっているのは，通常，マックスウェル方程式が微分形で書かれることが多いからです．この式はこの後，「ガウスの発散定理」という数学の公式を使って面積分を体積分に変えることにより，微分形に変形することができます．しかし，本書の性質上この点についての詳しい説明は省略し，電磁気学の専門書にお任せしたいと思います．

講義 18
ガウスの法則の利用

今回の講義では，ガウスの法則を用いた電場の求め方について学習をしていきます．まずは，前回の復習をしておきましょう．

復習 言葉で書かれた真空中でのガウスの法則を式で表しなさい．

$$\frac{\text{任意の閉曲面 } S \text{ を貫く}}{\text{電気力線の総本数}} = \frac{\text{閉曲面内の全電荷 } Q}{\varepsilon_0}$$

◀解答▶

$$\boxed{\text{(a)}} = \frac{Q}{\varepsilon_0}$$

▶▶▶ 平面電荷のまわりの電場を求めよう！

課題 真空中にある無限に広い平面上に，面密度 $\sigma\,[\mathrm{C/m^2}]$ の正電荷が一様に分布しています．この平面のまわりの電場を求めなさい．ただし，真空中の誘電率を $\varepsilon_0\,[\mathrm{C^2/Nm^2}]$ とします．

◀解答▶

ガウスの法則を用いて電場を求めましょう．

図1のように，問題の平面と平行な底面をもつ円柱を考え，これを閉曲面とします．円柱の底面積を $S\,[\mathrm{m^2}]$ とすると，閉曲面内の全電荷 $Q\,[\mathrm{C}]$ は

$$Q = \sigma S$$

と表されます．

また，平面上の電荷からわき出る電気力線は，対称性を考えると，図1のように平面と垂直になるの

図1

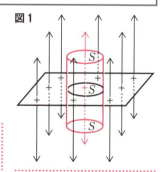

[ガウスの法則における
閉曲面の設定方法]

電荷を囲む閉曲面は，次の
①，②に注意しながら設定す

(a) $\int_S \boldsymbol{E} \cdot \boldsymbol{n}\, dS$

で，閉曲面（円柱）を貫く電気力線の総本数は，2つの底面を貫くものだけを計算すればよいことになります．

したがって，ガウスの法則

$$\int_S \boldsymbol{E} \cdot \boldsymbol{n} dS = \frac{Q}{\varepsilon_0}$$

より，平面のまわりの電場の強さを E [N/C] とすると，

$$E \cdot 2S = \frac{\sigma S}{\varepsilon_0}$$

$$\therefore \ E = \frac{\sigma}{2\varepsilon_0} \quad \boxed{答}$$

となり，向きは平面に垂直で外向きとなります．

上の答えは，講義16で求めた値と一致しています．確認してみてください．このように，ガウスの法則を上手に利用することで，計算量が少なくて済む場合があります．

ると，計算が楽に済みます．
① 電場を求める位置を通るように設定する．
② 電気力線に対して垂直または平行になるように設定する．

図1のように，電気力線は円柱の底面に垂直になるので，電場ベクトル $\boldsymbol{E}$ と底面の単位法線ベクトル $\boldsymbol{n}$ は平行になります．よって

$$\int_{底面} \boldsymbol{E} \cdot \boldsymbol{n} dS = E \cdot 2S$$

また，電場ベクトル $\boldsymbol{E}$ と側面の単位法線ベクトル $\boldsymbol{n}$ は垂直になるので，$\boldsymbol{E}$ と $\boldsymbol{n}$ の内積は 0 となり

$$\int_{側面} \boldsymbol{E} \cdot \boldsymbol{n} dS = 0$$

したがって，

$$\int_S \boldsymbol{E} \cdot \boldsymbol{n} dS$$
$$= \int_{底面} \boldsymbol{E} \cdot \boldsymbol{n} dS + \int_{側面} \boldsymbol{E} \cdot \boldsymbol{n} dS$$
$$= E \cdot 2S$$

直線電荷のまわりの電場を求めよう！

練習問題 1

真空中にある直線上に，線密度 ρ [C/m] の正電荷が一様に分布しています．この直線から距離 r [m] の点での電場を求めなさい．ただし，真空中の誘電率を ε_0 [C^2/Nm^2] とします．

◀解答▶

ガウスの法則を用いて電場を求めます.

図2のように,この直線を中心とする半径 r [m] の円(円は直線に垂直)を底面とする高さ h [m] の円柱を考え,これを閉曲面とします.

すると,閉曲面内の全電荷 Q [C] は,

$$Q = \boxed{\text{(b)}}$$

また,電気力線が貫くのは,図2のように側面だけなので,側面積が $\boxed{\text{(c)}}$ [m²] であることを考慮すると,ガウスの法則

$$\int_S \boldsymbol{E} \cdot \boldsymbol{n} dS = \frac{Q}{\varepsilon_0}$$

は,直線から r [m] の点(側面)での電場の強さを E [N/C] とすると,

$$E \cdot 2\pi rh = \frac{\rho h}{\varepsilon_0}$$

$$\therefore\ E = \frac{\rho}{2\pi\varepsilon_0 r} \quad \text{答}$$

となり,向きは直線を中心として垂直外向きになります.

図2

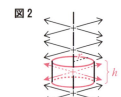

電場ベクトル $\boldsymbol{E}$ と底面の単位法線ベクトル $\boldsymbol{n}$ は垂直なので

$$\int_{\text{底面}} \boldsymbol{E} \cdot \boldsymbol{n} dS = \boxed{\text{(d)}}$$

また,電場ベクトル $\boldsymbol{E}$ と側面の単位法線ベクトルは平行なので

$$\int_{\text{側面}} \boldsymbol{E} \cdot \boldsymbol{n} dS = E \cdot 2\pi rh$$

したがって

$$\int_S \boldsymbol{E} \cdot \boldsymbol{n} dS$$
$$= \int_{\text{底面}} \boldsymbol{E} \cdot \boldsymbol{n} dS + \int_{\text{側面}} \boldsymbol{E} \cdot \boldsymbol{n} dS$$
$$= E \cdot 2\pi rh$$

▶▶▶ 球状電荷がつくる電場を求めよう!

練習問題 2

真空中にある半径 a [m] の球内に,正電荷が密度 ρ [C/m³] で一様に分布しています.球の中心 O から距離 r [m] の点での電場を求めなさい.ただし,真空中の誘電率を ε_0 [C²/Nm²] とします.

(b) ρh (c) $2\pi rh$ (d) 0

◀解答

 ガウスの法則を用いて電場を求めます．
図3のように，中心Oから半径 r [m] の球面を考え，これを閉曲面とします．

図3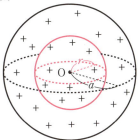

i) $r \leq a$ のとき閉曲面内の全電荷 Q [C] は

$$Q = \boxed{} \quad \text{(e)}$$

また，閉曲面（球面）の表面積が $\boxed{}$ [m^2] であることを考慮すると，ガウスの法則

$$\int_S \boldsymbol{E} \cdot \boldsymbol{n} \, dS = \frac{Q}{\varepsilon_0}$$

は，点Oから r [m] の点（球面上）での電場の強さを E [N/C] とすると，

$$E \cdot 4\pi r^2 = \frac{\frac{4}{3}\pi \rho r^3}{\varepsilon_0}$$

$$\therefore \quad E = \frac{\rho r}{3\varepsilon_0} \quad \text{答}$$

> 電気力線は閉曲面（球面上）をどこでも垂直に貫いているので
> $$\int_S \boldsymbol{E} \cdot \boldsymbol{n} \, dS = E \cdot 4\pi r^2$$
> となります．

となり，向きは **Oを中心として外向き** になります．

ii) $r > a$ のとき閉曲面内の全電荷 Q [C] は

$$Q = \boxed{} \quad \text{(g)}$$

なのでガウスの法則より

$$\boxed{} = \frac{Q}{\varepsilon_0}$$

$$E \cdot 4\pi r^2 = \frac{\frac{4}{3}\pi \rho a^3}{\varepsilon_0}$$

$$\therefore \quad E = \frac{\rho a^3}{3\varepsilon_0 r^2} \quad \text{答}$$

> 左の答えは，全電荷 Q が中心Oに集中したと考えて，点電荷がつくる電場の式（講義15参照）を用いて求めた E の値と一致します．
> $$E = \frac{1}{4\pi\varepsilon_0} \cdot \frac{Q}{r^2}$$
> $$= \frac{1}{4\pi\varepsilon_0} \cdot \frac{\frac{4}{3}\pi\rho a^3}{r^2}$$
> $$= \frac{\rho a^3}{3\varepsilon_0 r^2}$$

となり，向きは **Oを中心として外向き** になります．

(e) $\rho \times \dfrac{4}{3}\pi r^3 = \dfrac{4}{3}\pi\rho r^3$ (f) $4\pi r^2$

(g) $\rho \times \dfrac{4}{3}\pi a^3 = \dfrac{4}{3}\pi\rho a^3$ (h) $\int_S \boldsymbol{E} \cdot \boldsymbol{n} \, dS (= E \cdot 4\pi r^2)$

講義 19 電位の定義

単位試験電荷(+1C)にはたらく静電気力によって電場を定義し、目に見えない電場を表す方法として、電気力線やガウスの法則があることを学びました。今回の講義では、見えない電場を表すもう1つの方法として、電位を定義します。電位は位置エネルギーを使って定義しますので、まずは位置エネルギーの復習から始めましょう。

復習 下の問い(1)〜(3)の空欄を埋めなさい。

(1) 位置エネルギーは、次の①または②のように定義されています。

――― **位置エネルギーの定義** 〔高校物理〕 ―――
① 　(a)　 からその点まで物体を運ぶとき、　(b)　 のした 　(c)　 .
② その点から 　(d)　 まで物体を運ぶとき、　(e)　 のした 　(f)　 .

(2) 上の①の定義を用いて、高さ h [m] の点Pにある質量 m [kg] の物体がもつ重力による位置エネルギー U [J] を次のようにして求めました。

図1のように、基準点Oから点Pまで物体を運んでいる間は、物体にはたらく重力と外力は 　(g)　 ので、外力は 　(h)　 向きで大きさは 　(i)　 [N] です。物体の変位は、鉛直上向きに h [m] なので、この間に外力のした仕事は 　(j)　 [J] となり、これが、点Pで物体がもつ重力による位置エネルギー U [J] になります。

図1

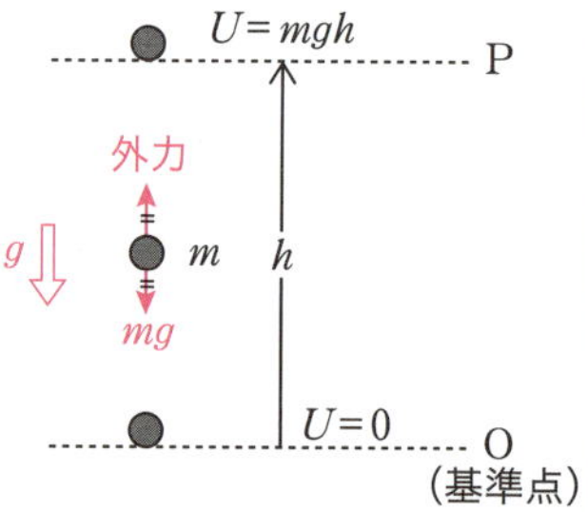

力のつりあいを保ちながら、きわめてゆっくりと動かす過程を準静的過程といいます。

(3) 上の①の定義を用いて、点Pにある $q(>0)$ [C] の電荷がもつ静電気力による位置エネルギー U [J] を次のようにして求めました。

(a) 基準点　(b) 外力　(c) 仕事　(d) 基準点　(e) 保存力　(f) 仕事
(g) つりあっている　(h) 鉛直上　(i) mg　(j) mgh

図2のように，点Pから基準点Oに向かって一様な電場 E [N/C] があります．基準点Oから点Pまで q [C] の電荷を運ぶとき，外力は　(k)　の向きで大きさは　(l)　[N] です．電荷の変位はOからPの向きで d [m] なので，この間に外力のした仕事は　(m)　[J] となり，これが点Pで q [C] の電荷がもつ静電気力による位置エネルギー U [J] になります．

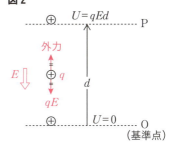
図2

▶▶▶ 電位を定義しよう！

復習(3)で求めたように，q [C] の電荷がもつ静電気力による位置エネルギー U [J] は，電気量 q に比例し q に依存します．そこで，電気量 +1 C（単位電荷）あたりの静電気力による位置エネルギーを考えると，持ち込んだ電荷に依存することのない場の状態だけを表す新たな物理量を定義することができます．目に見えない電場の状態を表すこの物理量を電位といいます．電位の定義を改めて示すと次のようになります．

電位の定義 高校物理

+1 C の電荷（単位試験電荷）がもつ静電気力による位置エネルギー

言い換えれば，**基準点からその点まで +1 C の電荷を運ぶとき，外力のした仕事として，電位を定義することができます**．次の課題を通して確認していきましょう．

課題 図3のように，点Pから基準点Oに向かって一様な電場 E [N/C] があります．基準点Oから点Pまで +1 C の電荷を運ぶとき，外力は　(o)　の向きで大きさは　(p)　[N] です．電荷の変位はOからPの向きで d [m] なので，この間に外力のした仕事は　(r)　[J] となります．これが，点Pで

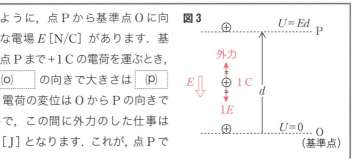

(k) OからP　　(l) qE　　(m) qEd　　(o) OからP　　(p) E　　(r) Ed

+1Cの電荷がもつ静電気力による位置エネルギー，すなわち点Pの (s) になり，Vと表します．したがって，一様の電場Eとその中での電位Vの間には$V=$ (t) の関係が成り立ちます．このように，電位は+1Cあたりの位置エネルギー[J]で定義されているので，電位の単位ボルト[V]は

$$1\text{V} = 1\text{ J/C}$$

と定められています．

≫ 一様でない電場における電位を求めてみよう！

練習問題

図4のような真空内で，x軸の原点OにQ[C]の正の点電荷を固定します．位置$x=r$[m]の点Pにおける電位V[V]を定義に基づいて求めなさい．ただし，電位の基準は無限遠とし，真空中の誘電率をε_0[C²/Nm²]とします．

図4

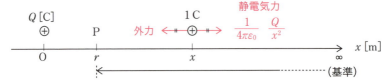

◀**解答**▶

微積物理 定義に基づいて点Pの電位を求めていきます．**+1Cの電荷を基準点（無限遠）から位置$x=r$[m]の点Pまで運ぶとき，外力のした仕事を計算します**．図4のように，+1Cの電荷が移動途中の位置xにあるとき，電荷にはたらく静電気力は，正の向きに (u) なので，それとつり合う外力は負の向きに (u) となります．このように，外力がxの関数となり変数となっているので，外力のした仕事は積分を使って計算します．したがって，

(s) 電位　　(t) Ed　　(u) $\dfrac{1}{4\pi\varepsilon_0}\cdot\dfrac{Q}{x^2}$

$V=$ ┌──────(v)──────┐ ┈┈┈┈┈┈┈┈ 外力は負の向きなので符号に注意しましょう．

$= \dfrac{Q}{4\pi\varepsilon_0} \int_{\infty}^{r} \left(-\dfrac{1}{x^2}\right)dx$

$= \dfrac{Q}{4\pi\varepsilon_0} \left[x^{-1}\right]_{\infty}^{r}$

$= \dfrac{1}{4\pi\varepsilon_0}\cdot\dfrac{Q}{r}$ 答

  点電荷 Q から距離 r の点での電位 V は，無限遠を基準として次の式で与えられています．

$$V = \dfrac{1}{4\pi\varepsilon_0}\cdot\dfrac{Q}{r}$$

高校物理では，この式の導き方は示されていません．

(v) $\displaystyle\int_{\infty}^{r}\left(-\dfrac{1}{4\pi\varepsilon_0}\cdot\dfrac{Q}{x^2}\right)dx$

講義20
電場と電位の関係

今回の講義では"電場と電位の関係"について学習します．"電場と電位の関係"は"保存力とポテンシャルの関係"と同じように考えることができるので，まずは講義11で学習した"保存力とポテンシャルの関係"について復習をしておきましょう．

復習

※A 図1のように，座標軸負の向きに保存力がはたらく場において，物体に外力 F' を加え，ポテンシャルが $U(x)$ の点Aからポテンシャルが $U(x+\Delta x)$ の点Bまで，物体を**準静的に**運ぶ ※B ことを考えます．このとき，エネルギーと仕事の関係は， ※C

$$\text{(a)}$$

と表されます．この式は，外力 F' の代わりに保存力 F を用いて表すと，$F = -F'$ の関係から

$$\text{(b)}$$

とすることができます．一般に，保存力 F が位置 x により変化する場合も考慮して，微分を用いて表すと次のようになります．

$$-F = \lim_{\Delta x \to 0} \frac{U(x+\Delta x) - U(x)}{\Delta x}$$

$$= \boxed{\text{(c)}}$$

したがって，保存力 F とポテンシャル $U(x)$ の間には次の関係が成り立ちます．

保存力とポテンシャルの関係
$$F = -\frac{dU(x)}{dx}$$

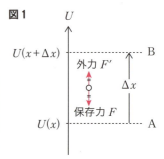

図1

※A 下の議論に出てくる保存力は，一般にどのような保存力であっても成り立ちますが，重力をイメージしながら読んでいくとわかりやすいと思います．

※B 力のつりあいを保ちながらきわめてゆっくりと

※C エネルギーと仕事の関係
(はじめのエネルギー)
+ (外からされた仕事)
= (あとのエネルギー)

(a) $U(x) + F'\Delta x = U(x+\Delta x)$ (b) $U(x) - F\Delta x = U(x+\Delta x)$ (c) $\dfrac{dU(x)}{dx}$

それでは"保存力とポテンシャルの関係"を参考にして"電場と電位の関係"について考えていきましょう.

課題 図2のように, 座標軸負の向きに電場 E ($E(x)$ と書いてもよい) が生じています. 単位試験電荷 (+1 C) に外力 E' を加え, 電位が $V(x)$ の点 A から電位が $V(x+\Delta x)$ の点 B まで準静的に単位試験電荷を運ぶことを考えます. このとき, エネルギーと仕事の関係は,

$$V(x) + E'\Delta x = V(x+\Delta x)$$

と表されます. この式は, 外力 E' の代わりに静電気力 E を用いて表すと, $E = -E'$ の関係から

$$V(x) - E\Delta x = V(x+\Delta x)$$

と表すこともできます. 一般に電場 E が位置 x により変化する場合も考慮して, 微分を用いて表すと次のようになります.

$$-E = \lim_{\Delta x \to 0} \frac{V(x+\Delta x) - V(x)}{\Delta x}$$
$$= \frac{dV(x)}{dx}$$

したがって, 電場 E と電位 $V(x)$ の間には次の関係が成り立ちます.

電場と電位の関係
$$E = -\frac{dV(x)}{dx}$$

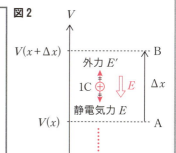

図2

+1 C にはたらく静電気力が電場なので, この場合, 静電気力も E で表されます.

+1 C あたりの位置エネルギー (ポテンシャル) が電位なので, この場合, どちらの位置エネルギーも V で表されます.

練習問題

図3のような真空中で，半径 r，全電荷 Q の球体の中心が，x 軸の原点 O に固定されています．また，位置 x（>0）に対する電位 $V(x)$ の関係が図4のように与えられており，グラフの曲線部分の x と $V(x)$ の関係は

$$V(x) = \frac{1}{4\pi\varepsilon_0} \cdot \frac{Q}{x} \quad \cdots \; ①$$

を満たすものとします．ただし，ε_0 は真空中の誘電率です．

図3

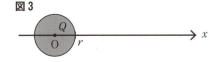

図4

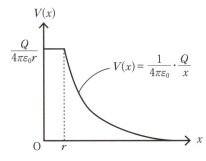

▶(1) 位置 x（>0）における電場 $E(x)$ を式で表しなさい．

◀解答▶

微積物理 (1) ⅰ) $x \geqq r$ のとき

電場と電位の関係より

$$E(x) = -\frac{dV(x)}{dx}$$

$$= -\frac{d}{dx}\left(\frac{1}{4\pi\varepsilon_0} \cdot \frac{Q}{x}\right)$$

$$\therefore \quad E(x) = \frac{1}{4\pi\varepsilon_0} \cdot \frac{Q}{x^2} \quad \cdots \; ② \quad \text{答}$$

ⅱ) $0 < x < r$ のとき

この範囲では，図2の V–x グラフの傾きは $\dfrac{dV(x)}{dx} = 0$ だから電場と電位の関係より

$$E(x) = -\frac{dV(x)}{dx} = 0 \quad \cdots \; ③ \quad \text{答}$$

▶(2) 位置 x（>0）に対する電場 $E(x)$ の関係をグラフで表しなさい.

◀解答▶

(2) ②, ③式を見ながら E-x グラフを描くと, 下のようになります.

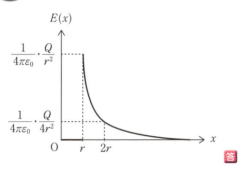

▶(3) $V(x)$ や $E(x)$ が上のような関係になるのはどのような場合が考えられますか. 例をあげて説明しなさい.

◀解答▶

(3) 答 半径 r の金属球に電荷 Q を与え, その中心を原点 O に固定した場合.

(理由) $0<x<r$ の範囲は, 金属球の内部になるので, 電場 $E(x)=0$, 電位は, $V(r)$ で一定（等電位）になります.

また, 金属球に与えた電荷 Q は, 球面に一様に分布するので, 電気力線は原点 O を中心に球の表面から放射状に広がります. そのため, $x \geq r$ の範囲では電荷 Q が点電荷として原点 O に存在しているのと同じ形の電場（②式）, 電位（①式）になります.

講義 11 では, U-x グラフ上に置かれたボールにはたらく力の向きと大きさが保存力の向きと大きさに対応しているという説明をしました. それと同様のことが, V-x グラフについても言えます.

図5

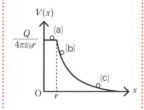

図 5 (a) $0<x<r$ にあるボールにはたらく力（合力）は 0 です. これは $E(x)=0$ に対応しています.

また, $x \geq r$ にある (b), (c) のボールは, どちらも正の向きに力を受け, 力の大きさは (b) の方が大きくなります. これも電場の向きが, どちらも正の向きで, 電場の強さが (b) の方が強いことに対応しています.

②式と①式は, 点電荷 Q がつくる電場と電位の式として, 高校物理でもおなじみの式です.

講義21
コンデンサー

十分に広い2枚の導体平板を狭い間隔で平行に置いたものが平行板コンデンサーです．今回の講義では，平行板コンデンサーを通してガウスの法則や電位の概念を復習し，コンデンサーにおいて成り立つ基本的な関係式を導いていきます．

復習 (1) 図1のような真空中に，十分に広い面積 S の薄い導体平板 A を置き，正電荷 Q を与えます．真空の誘電率を ε_0 として，A のまわりの電場を求めなさい．ただし，A の端における電場の乱れは無視できるものとします．

図1 導体平板 A の断面図

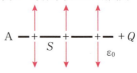

◀解答▶

微積物理 (1) ガウスの法則を用いて電場を求めます．対称性から電場の向きは，導体平板 A に **垂直で外向き** です．まわりの電場の強さを E_+ **答** とし，閉曲面を図2点線のようにとると，ガウスの法則は次のように表されます．

$$\text{(a)}$$

$$\therefore E_+ = \frac{Q}{2\varepsilon_0 S} \quad \text{答}$$

電荷の面密度を σ とすると $\sigma = \dfrac{Q}{S}$ なので

$$E_+ = \frac{\sigma}{2\varepsilon_0}$$

となり，講義18課題の解答と一致します．

(2) (1)と同様にして，同じ形の導体平板 B に電荷 $-Q$ を与えます．B のまわりの電場を求めなさい．

◀解答▶

微積物理 (2) 電場の向きは，図3のように導体平板 B に **垂直で内向き** です．まわりの電場 **答**

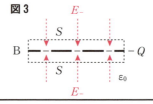

(a) $E_+ \cdot 2S = \dfrac{Q}{\varepsilon_0}$

の強さを E_- とすると，ガウスの法則は次のように表されます．

$$\text{(b)}$$

$$\therefore\ E_- = \frac{Q}{2\varepsilon_0 S} \quad \text{答}$$

▶▶▶ 平行板コンデンサーにおいて成り立つ関係式を求めよう！

課題 復習(1)(2)で $\pm Q$ の電荷を与えた導体平板A，Bを用いて，図4のような真空中に平行板コンデンサーをつくります．導体平板（極板）A，Bの面積を S，間隔を d，真空の誘電率を ε_0 とします．

(1) 平行板コンデンサーの電場を求めなさい．

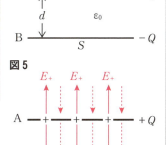

図4

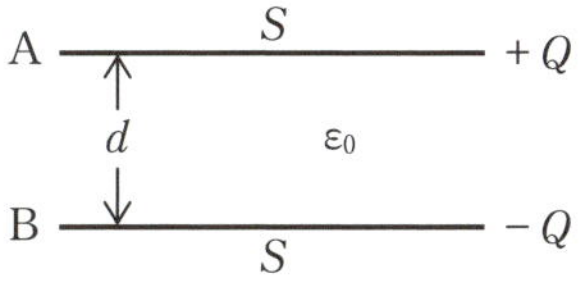

図5

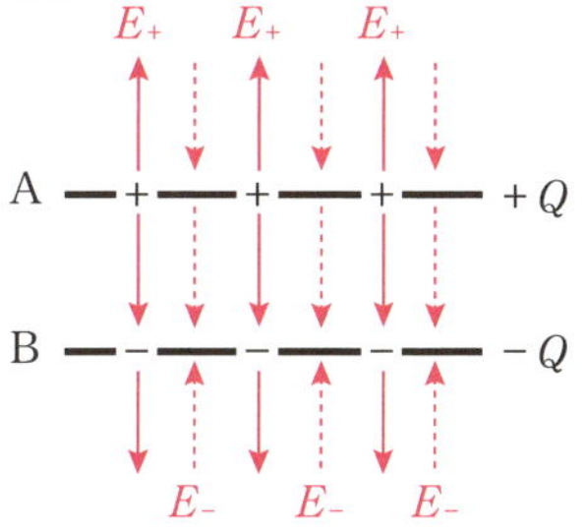

◀ 解答 ▶

微積物理 (1) 平行板コンデンサーの電場は，復習(1)(2)で求めた電場（図2，3）の重ね合わせになります．したがって，図5のように電場は極板A，Bの間にだけ存在し，**極板に垂直でAからBの向き**になります．極板間の電場の強さ E 答

は，E_+ と E_- の和になるので，

$$E = E_+ + E_-$$

$$\therefore\ E = \frac{Q}{\varepsilon_0 S} \quad \cdots \text{①} \quad \text{答}$$

となります．

> 極板A，Bの外側は，2種類の電気力線の向き（電場の向き）が逆向きになり，電場は相殺されて0になっています．これは，$+Q$（極板A）から出た電気力線が，$-Q$（極板B）にすべて吸い込まれていると考えることもできます．

(2) 極板Bを電位の基準としたとき，極板Aの電位 V を求めなさい．

(b) $E_- \cdot 2S = \dfrac{Q}{\varepsilon_0}$

◀解答▶

(微積物理) (2) Bを基準としたAの電位 V は，単位試験電荷（+1C）をBからAまで運ぶとき，外力のした仕事として表されるので，図6より

$$V = \int_0^d E dx$$

$$= \int_0^d \frac{Q}{\varepsilon_0 S} dx$$

$$= \frac{Q}{\varepsilon_0 S}[x]_0^d$$

$$= \frac{Qd}{\varepsilon_0 S} \quad \cdots ② \quad \boxed{答}$$

V は A, B間の電位の差（電位差）と考えることもできます．電位差は電圧ということもあります．

図6

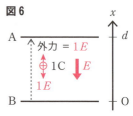

Bを原点Oとし，BからAの向きに x 軸を設定します．

(3) 平行板コンデンサーの電気容量 C を求めなさい．

◀解答▶

(微積物理) **(3) 電気容量 C は，単位電圧（1V）あたりの蓄えうる電気量 [C] で定義されている**ので，

$$C = \frac{Q}{V} \quad \cdots ③$$

②式より

$$C = \varepsilon_0 \frac{S}{d} \quad \boxed{答}$$

(高校物理) 以下に示す3つの公式は，高校物理でもよく使う公式なので覚えている人も多いと思います．①，②式より次の関係が求められます．

―一様な電場と電位差の関係―
$$V = Ed$$

②式より，次の2つ関係式が得られます．

―コンデンサーの基本式―
$Q = CV$
$\begin{pmatrix} Q：蓄えられる電気量 \\ C：コンデンサーの電気容量 \\ V：極板間の電位差 \end{pmatrix}$

―コンデンサーの電気容量―
$$C = \varepsilon_0 \frac{S}{d}$$

球状コンデンサーについて考えよう！

練習問題

図7のような，点Oを中心とする半径aの導体球Aと内半径bの導体球殻Bからできているコンデンサーを**球状コンデンサー**といいます．導体球Aに正電荷Qを与え，導体球殻Bは接地します．A，Bは真空中にあり，真空の誘電率をε_0とします．

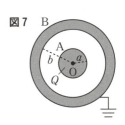
図7

▶(1) 図7において，電場が生じる場所と生じる電場の向きと強さを求めなさい．

◀解答▶

(1) Aに与えた正電荷Qは図8のようにAの表面に一様に分布します．また，Bは接地されているのでBの内側表面には負電荷$-Q$が誘導されます．したがって，電場が生じる場所は，図8のように**AとBの間だけ**になります．電場の**向きはA→B**です．【答】

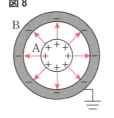
図8

※ 導体内部の電場は0なので，電荷は導体表面にのみ分布します．

平行板コンデンサーと同じように，$+Q$から出た電気力線は，すべて$-Q$に吸い込まれてしまいます．

また，A，B間の電場の強さをEとし，図9の点線のような半径rの球面Sを閉曲面として選ぶと，ガウスの法則は次のように表されます．

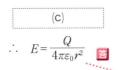

$$\therefore\ E = \frac{Q}{4\pi\varepsilon_0 r^2}$$ 【答】

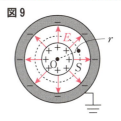
図9

この式は中心Oにある点電荷Qのつくる電場と同じ形になります．

(c) $E \cdot 4\pi r^2 = \dfrac{Q}{\varepsilon_0}$

▶▶ (2) 導体球 A の電位 V を求めなさい.

◀解答▶

(2) 図10のように，B を基準とした A の電位 V は，単位試験電荷（+1 C）を B から A まで運ぶとき，外力のした仕事として表されるので，

$$V = \boxed{\text{(d)}}$$

$$= -\int_b^a \frac{Q}{4\pi\varepsilon_0 r^2} dr$$

$$= \frac{Q}{4\pi\varepsilon_0} \left[r^{-1} \right]_b^a$$

$$= \frac{Q}{4\pi\varepsilon_0} \left(\frac{1}{a} - \frac{1}{b} \right) \quad \cdots \text{④} \quad \boxed{答}$$

> 導体球殻 B は接地されているので，B は電位の基準となります．

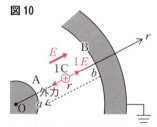

図10

O を原点とする外向き正の座標軸 r を設定します．

▶▶ (3) 球状コンデンサーの電気容量 C を求めなさい．

◀解答▶

(3) 電気容量は $C = \dfrac{Q}{V}$ で定義されているので，④式より

$$C = \frac{Q}{V}$$

$$= \frac{4\pi\varepsilon_0 ab}{b - a} \quad \cdots \text{⑤} \quad \boxed{答}$$

> ⑤式において，A，B 間の距離を $b - a = d$ とし，これが非常に小さい場合，$ab \fallingdotseq a^2$ と見なせるので，
>
> $$C = \frac{4\pi\varepsilon_0 a^2}{d}$$
>
> となり，さらに球の表面積 $S = 4\pi a^2$ を用いて表すと
>
> $$C = \varepsilon_0 \frac{S}{d}$$
>
> となり，平行板コンデンサーの電気容量の式と一致します．

(d) $\displaystyle \int_b^a (-1 \cdot E) dr$

講義22 静電エネルギー

前回の講義では，コンデンサーに蓄えられた電荷 Q と電気容量 C，極板間の電位差 V の間には，基本的な関係として $Q=CV$ という式が成り立つことを学習しました．今回の講義では，電荷を蓄えたコンデンサーがもつエネルギーと，極板間に働く力について学習していきます．

▶▶▶ 平行板コンデンサーに蓄えられるエネルギーを求めよう！

充電されたコンデンサーに電球を接続すると，一瞬電球が点灯します．これは，電荷を蓄えたコンデンサーには仕事をする能力，すなわちエネルギーが蓄えられていたことを表しています．このエネルギーをコンデンサーの**静電エネルギー**といいます．

課題　図1のように，電気容量 C の平行板コンデンサーに電荷 Q が蓄えられているとき，このコンデンサーの静電エネルギー U を求めなさい．

図1
```
A ——————————— +Q
        C
B ——————————— −Q
```

◀**解答**▶

（微積物理）静電エネルギーを求めるときも基本的にはエネルギーと仕事の関係を用います．**コンデンサーに蓄えられている電荷が0の状態から始め，電荷が Q の状態に至るまで，外からされた仕事を計算すれば，それが求める静電エネルギーになります．**

それでは，電荷が0から Q になる途中の状態について考えてみましょう．

エネルギーと仕事の関係
（はじめのエネルギー）
＋（外からされた仕事）
＝（あとのエネルギー）

電荷0の状態から始めているので，はじめのエネルギーは0です．したがって，外からされた仕事を計算すれば，それがあとのエネルギーすな

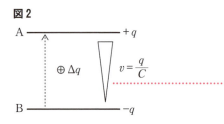

図2

> わち静電エネルギーになります.

> 記号 ▌ は，太い方が高電位，すなわちAがBよりも v だけ高電位であることを表しています.

図2のように，極板A，Bにはそれぞれ電荷 q（>0），$-q$ が蓄えられており，したがってBに対するAの電位は $v = \dfrac{q}{C}$ になっています．この状態で微小電荷 Δq をBからAまで運ぶとき，外からした仕事 ΔW を考えます．

> コンデンサーの基本式
> $Q = CV$ において
> $Q = q, \ V = v$ として
> $q = Cv \quad \therefore \quad v = \dfrac{q}{C}$

$$\Delta W = \Delta q \cdot v$$
$$= \dfrac{q \Delta q}{C}$$

> Bに対するAの電位 v は，単位電荷（+1C）がもつBに対するAの位置エネルギー，すなわち単位電荷（+1C）をBからAまで運ぶとき，外からした仕事を表しています．ここでは電荷 Δq をBからAまで運ぶとき，外からした仕事 ΔW を求めればよいので，ΔW は v の Δq 倍になります．

このような操作を電荷 q が0から Q になるまで繰り返すときに，外からした仕事を計算すれば，それが静電エネルギー U となります．したがって，

$$U = \int_0^Q \dfrac{q\,dq}{C}$$
$$= \dfrac{1}{C}\left[\dfrac{q^2}{2}\right]_0^Q$$
$$= \dfrac{Q^2}{2C} \quad \cdots \ ① \quad \text{答}$$

平行板コンデンサーの静電エネルギー U（①式）は，コンデンサーの基本式 $Q = CV$ を用いて変形すると，以下のように表されます．

平行板コンデンサーの静電エネルギー

$$U = \dfrac{Q^2}{2C} = \dfrac{1}{2}CV^2 = \dfrac{1}{2}QV$$

上式も高校物理では頻繁に使われる公式なので見覚えがあると思います．

▶▶▶ 球状コンデンサーに蓄えられるエネルギーを求めよう！

練習問題

前回（講義21）の練習問題で考えた球状コンデンサーを，ここでもう一度取り上げます．図のように，a, b, ε_0 が与えられていて，球Aの表面に正電荷Q，球殻Bの内側表面に負電荷$-Q$が一様に分布しています．このコンデンサーがもつ静電エネルギーUを求めてみましょう．

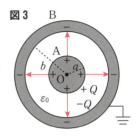

図3

◀解答▶

微積物理

上の課題と同様に，コンデンサーに蓄えられた電荷が0からQになる途中のqになった状態（図4）について考えます．このとき，Bに対するAの電位vは，講義21 p.100 ④式より，

$$v = \frac{q}{4\pi\varepsilon_0}\left(\frac{1}{a} - \frac{1}{b}\right)$$

となっています．ここで，微小電荷ΔqをBからAまで運ぶとき，外からした仕事ΔWは

$$\Delta W = \Delta q \cdot v$$
$$= \frac{(b-a)q\Delta q}{4\pi\varepsilon_0 ab}$$

となります．したがって，電荷qが0からQになるまでに外からした仕事，すなわち静電エネルギーUは

$$U = \boxed{\text{(a)}}$$
$$= \frac{(b-a)}{4\pi\varepsilon_0 ab}\int_0^Q q\,dq$$
$$= \frac{(b-a)}{4\pi\varepsilon_0 ab}\left[\frac{q^2}{2}\right]_0^Q$$
$$= \frac{(b-a)Q^2}{8\pi\varepsilon_0 ab} \quad \cdots ② \quad \text{【答】}$$

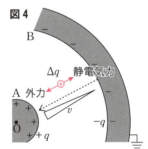

図4

> Bに対するAの電位vは，Bが接地されているので単にAの電位と表現することもできます．

> A，B間の距離を$b-a=d$とし，これが非常に小さい場合，$ab \fallingdotseq a^2$と見なせるので②式は
> $$U = \frac{dQ^2}{8\pi\varepsilon_0 a^2}$$
> と表すことができます．さらに，球の表面積$S=4\pi a^2$，電気容量$C=\varepsilon_0\dfrac{S}{d}$を用いて表すと
> $$U = \frac{dQ^2}{2\varepsilon_0 S} = \frac{Q^2}{2C}$$
> となり，平行板コンデンサーの静電エネルギーの式と一致します．

(a) $\displaystyle\int_0^Q \frac{(b-a)q}{4\pi\varepsilon_0 ab}dq$

▶▶▶ 極板間にはたらく力を求めよう！

平行板コンデンサーの両極板には正負等量の電荷が蓄えられるので，極板同士は静電気力によって互いに引き合っています．ここでは，極板間にはたらく引力の大きさをエネルギーと仕事の関係を使って求めてみましょう．

練習問題

図5のように，$\pm Q$の電荷を蓄えた面積Sの極板A，Bが誘電率ε_0の真空中に置かれています．極板Bを固定したまま，極板Aに外力を加えて，ゆっくりと極板間隔をΔdだけ増加させます．

▶ (1) 極板間隔の変化による静電エネルギーの変化ΔUを求めなさい．

図5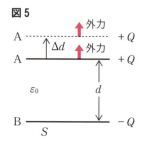

◀解答▶

(1) 変化前の極板間隔をdとすると，変化前後の電気容量C, C'は，

$$C = \boxed{\text{(b)}}$$

$$C' = \boxed{\text{(c)}}$$

となります．よって，変化前後の静電エネルギーU, U'は，

$$U = \frac{Q^2}{2C} = \frac{dQ^2}{2\varepsilon_0 S}$$

$$U' = \frac{Q^2}{2C'} = \boxed{\text{(d)}}$$

したがって，

$$\Delta U = U' - U = \boxed{\text{(e)}} \quad \text{答}$$

(b) $\varepsilon_0 \dfrac{S}{d}$ (c) $\varepsilon_0 \dfrac{S}{d+\Delta d}$ (d) $\dfrac{(d+\Delta d)Q^2}{2\varepsilon_0 S}$ (e) $\dfrac{Q^2 \Delta d}{2\varepsilon_0 S}$

▶▶ (2) 極板間隔の変化において，外力のした仕事 W を求めなさい．

◀解答▶

(2) 外力のした仕事を W とすると，エネルギーと仕事の関係は次のように表されます．

$$U + W = U'$$
$$W = U' - U$$
$$W = \Delta U = \frac{Q^2 \Delta d}{2\varepsilon_0 S} \quad \cdots \text{③} \quad \text{答}$$

> エネルギーと仕事の関係
> (はじめのエネルギー U)
> ＋(外からした仕事 W)
> ＝(あとのエネルギー U')

▶▶ (3) 極板 A，B 間にはたらく引力の大きさ F を求めなさい．

◀解答▶

(3) 図のように，極板 A を Δd だけ移動するとき加えた外力の大きさを F' とすると，外力のした仕事 W は

$$W = \boxed{\text{(f)}}$$

と表されるので，③式より

$$F' \Delta d = \frac{Q^2 \Delta d}{2\varepsilon_0 S}$$

$$\therefore \quad F' = \frac{Q^2}{2\varepsilon_0 S}$$

が得られます．ここで，A の移動中 $F' = F$ が成り立っているので，極板間にはたらく引力の大きさ F は

$$F = \frac{Q^2}{2\varepsilon_0 S} \quad \text{答}$$

図6

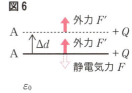

> 極板 A の移動は準静的に行われます．また，F，F' はどちらも力の大きさなので，$F = F'$ が成り立ちます．

(f) $F' \Delta d$

静電場のまとめ

●クーロンの法則

$$F = \frac{1}{4\pi\varepsilon_0} \cdot \frac{qQ}{r^2}$$

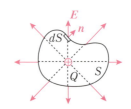

●ガウスの法則

$$\int_S \boldsymbol{E} \cdot \boldsymbol{n} dS = \frac{Q}{\varepsilon_0}$$

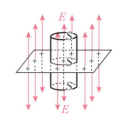

●ガウスの法則の利用

例）面密度 σ の正電荷が一様に分布する平面のまわりの電場の強さ E

ガウスの法則より

$$E \cdot 2S = \frac{\sigma S}{\varepsilon_0}$$

$$E = \frac{\sigma}{2\varepsilon_0}$$

●電位の定義

例）点電荷 Q から距離 r の点 P における電位 V

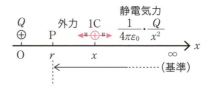

$$V = \int_\infty^r \left(-\frac{1}{4\pi\varepsilon_0} \cdot \frac{Q}{x^2} \right) dx$$

$$= \frac{Q}{4\pi\varepsilon_0} \int_\infty^r \left(-\frac{1}{x^2} \right) dx$$

$$= \frac{Q}{4\pi\varepsilon_0} \left[x^{-1} \right]_\infty^r$$

$$= \frac{1}{4\pi\varepsilon_0} \cdot \frac{Q}{r}$$

● 電場と電位の関係

$$E = -\frac{dV(x)}{dx}$$

例）点電荷 Q のまわりの電場と電位

電位 $V = \dfrac{1}{4\pi\varepsilon_0} \cdot \dfrac{Q}{x}$

電場 $E = -\dfrac{dV}{dx} = \dfrac{1}{4\pi\varepsilon_0} \cdot \dfrac{Q}{x^2}$

● コンデンサー

極板 A $(+Q)$ のつくる電場

$E_+ \cdot 2S = \dfrac{Q}{\varepsilon_0}$

$E_+ = \dfrac{Q}{2\varepsilon_0 S}$

極板 B $(-Q)$ のつくる電場

$E_- \cdot 2S = \dfrac{Q}{\varepsilon_0}$

$E_- = \dfrac{Q}{2\varepsilon_0 S}$

極板 AB 間の電場

$E = E_+ + E_-$

$ = \dfrac{Q}{\varepsilon_0 S}$

B を基準とした A の電位 V

$V = \displaystyle\int_0^d E\,dx$

$ = \displaystyle\int_0^d \dfrac{Q}{\varepsilon_0 S}\,dx$

$ = \dfrac{Qd}{\varepsilon_0 S}$

平行板コンデンサーの電気容量 C

$C = \dfrac{Q}{V}$

$ = \varepsilon_0 \dfrac{S}{d}$

平行板コンデンサーの静電エネルギー U

$\Delta W = \Delta q \cdot v$

$ = \dfrac{q\Delta q}{C}$

$U = \displaystyle\int_0^Q \dfrac{q\,dq}{C}$

$ = \dfrac{Q^2}{2C}$

$v = \dfrac{q}{C}$

講義23 外積とローレンツ力

今回の講義から磁場の学習に入ります．磁場の学習ではベクトルの外積がたびたび登場するので，まずは，外積の説明から始めましょう．その前に，内積の定義だけ確認をしておきます．

> **復習　内積の定義**
>
> 2つのベクトル a，b のなす角が θ（$0 \leqq \theta \leqq \pi$）であるとき，a と b の内積は
>
> $$a \cdot b = \boxed{\text{(a)}}$$
>
> と定義されています．

▶▶ 外積はどのように定義されているのだろうか？

内積は2つのベクトルからスカラーをつくる演算でしたが，外積は2つのベクトルからベクトルをつくる演算です．

図1のように，2つのベクトル a，b があるとき，a と b の外積は

$$a \times b$$

と表され，その大きさと向きは次のように定義されています．

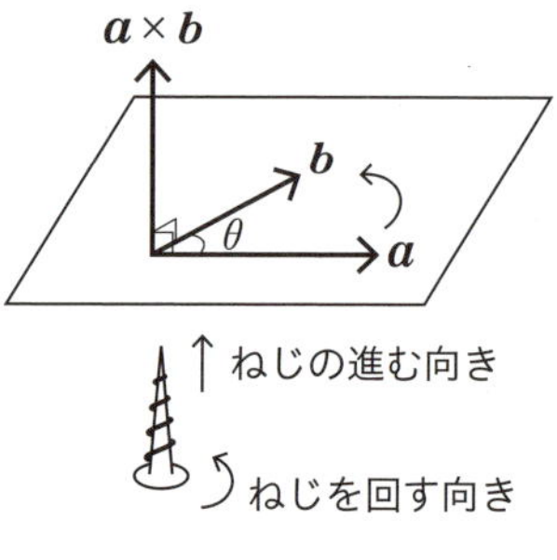

a と b のなす角を θ（$0 \leqq \theta \leqq \pi$）とすると，**$a \times b$ の大きさは**，

$$|a||b|\sin\theta$$

と表されます．向きは a と b を含む平面内において，**a から b の向きに右ねじを回したとき，ねじの進む向き**で表されます．

図1

(a)　$|a||b|\cos\theta$

> **課題**
>
> Ⅰ．上の外積の説明で出てきた2つのベクトル a, b について，次の問いに答えなさい．
>
> (1) $a \times b$ の大きさは何を表していますか．図2を用いて答えなさい．

◀解答▶

(1) $a \times b$ の大きさは $|a||b|\sin\theta$ と表されるので，図2より **a, b をとなり合う2辺とする平行四辺形の面積** を表しています．答

図2

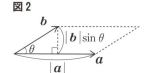

> (2) $a \times b$ と $b \times a$ はどのような関係になっていますか．

◀解答▶

(2) $a \times b$ と $b \times a$ の大きさはどちらも同じ値

$$|a||b|\sin\theta$$

です．しかし，向きは図3のように逆向きになるので

$$a \times b = -b \times a \quad \text{答}$$

と表すことができます．

図3

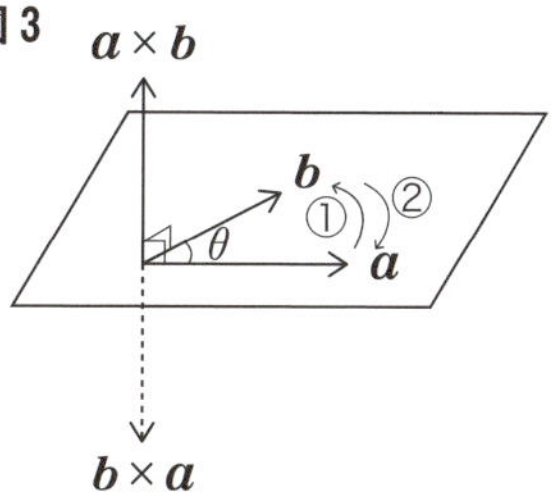

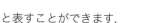

図3で，$a \times b$ は①の向き，$b \times a$ は②の向きにそれぞれ右ねじを回すので，ねじの進む向きが逆向きになり，$a \times b$ と $b \times a$ の向きも逆向きになります．

> (3) 次の計算をしなさい．
> $a \times a = \boxed{}$, $a \times (-a) = \boxed{}$

◀解答▶

(3) a と a，a と $(-a)$ はどちらも互いに平行なベクトルなので，定義より，

$$a \times a = 0 \quad (\text{ゼロベクトル}) \quad \text{答}$$
$$a \times (-a) = 0 \quad \text{答}$$

Ⅱ．図4のように，点Oを中心に回転できるスパナがあります．点Oからrの位置Pに力Fを加え，スパナを回転させます．このとき，点Oのまわりの力FによるモーメントNをFとrを用いて表しなさい．

図4

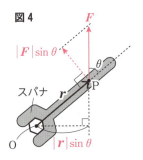

◀解答▶

力のモーメントの大きさは

$$|F||r|\sin\theta$$

向きは反時計回りです．したがって，ベクトルの外積を使って表すと次のようになります．

高校物理

剛体を回転させるはたらきを**力のモーメント**といいます．

力のモーメントの大きさNは，力の大きさFと腕の長さlを用いて，次のように表されます．

──力のモーメントの大きさ──
$$N = Fl$$

$F = |F|$と考えると，腕の長さは$l = |r|\sin\theta$となります．また，$F = |F|\sin\theta$と考えて腕の長さを$l = |r|$としてもよいです．

どちらで考えても，力のモーメントの大きさNは
$$N = |F||r|\sin\theta$$
となります．高校物理では，回転の向きは，符号を付けて表します．

ベクトルの順番に注意しましょう．$F \times r$と書いてしまうと，時計回りのモーメントになってしまいます．図4では，反時計回りのモーメントなので$r \times F$となります．

磁場とは何なのだろうか？

空間に電荷を静止させたとき，電荷が力（静電気力）を受けたならば，その空間には電場が存在していたと言えます．したがって，**電場は，静止した電荷が受けた力によって定義されていました．**

次に，空間に静止させていたこの電荷を動かしたとき，電荷に働く力が変化した場合，その空間には磁場も存在していたと言えます．すなわち，磁場は運動する電荷に力を及ぼす空間の性質であり，**運動する電荷に働く力（ローレンツ力）によって，以下のように定義されています．**

ローレンツ力によって磁場を定義しよう！

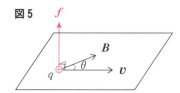

図5

上の図5のように，**磁束密度 B** の磁場中で電荷 q (>0) が速度 v で運動しています．このとき，電荷に働く力 f は，

$$f = qv \times B \quad \cdots \text{①}$$

と表され，この力を**ローレンツ力**といいます．磁束密度 B は①式によって定義されています．すなわち，**ある速度 v で進む電荷 q の受ける力 f を測定すればその空間の磁束密度 B が定まる**ということです．

磁場を表す物理量としては，磁束密度 B の他に磁場 H があります．真空中では B と H の間に

$$B = \mu_0 H$$

（μ_0：真空の透磁率）

の関係があります．

磁束密度の単位 T（テスラ）は①式より

$$T = \frac{N}{C \cdot m/s} = \frac{N}{A \cdot m}$$

と表すことができます．

課題 荷電粒子が次の(1)から(3)のように，磁束密度 B（大きさ B）の磁場中を速度 v（大きさ v）で運動しています．荷電粒子にはたらくローレンツ力の大きさ f と向きを求めなさい．

(1) $+q$，B（y軸正の向き），v（x軸正の向き）

(2) v（z軸正の向き），$-e$，B（x軸正の向き）

(3) B（z軸正の向き），$+q$，v（yz平面内でz軸から時計回りに$60°$の向き）

高校物理 B, v の大きさを B, v とし，B と v のなす角を θ とすると，図5の電荷が受けるローレンツ力の大きさ f は，

$$f = \boxed{\text{(a)}}$$

と表します．高校物理ではローレンツ力の向きは正電荷の速度の向きを電流 I の向きと見なして，図6のような $\boxed{\text{(b)}}$ の法則で説明されています．

図6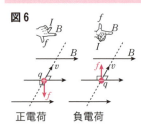
正電荷　負電荷

解答 微積物理

(1) $f = \boxed{\text{(c)}}$ （z軸正の向き）

(2) $f = evB$　$\boxed{\text{(d)}}$ の向き

(3) $f = \boxed{\text{(e)}}$　$\boxed{\text{(f)}}$ の向き

磁場中の直線電流にはたらく力を求めよう！

課題 図7のように，磁束密度 B の一様な磁場中に断面積 S，長さ l の直線導線を置き，導線に電流 I を流します．導線中を移動する自由電子の速度を v，電荷を $-e$，単位体積あたりの自由電子の個数を n とします．

(1) 導線中を移動する1個の自由電子が受けるローレンツ力 f を外積を用いて表しなさい．

図7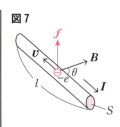

(a) $qvB\sin\theta$　(b) フレミングの左手　(c) qvB　(d) y軸負　(e) $\dfrac{\sqrt{3}\,qvB}{2}$
(f) x軸正

◀解答▶

(1) 電子の電荷が負なので，ローレンツ力 f の向きは，v から B に右ねじを回したとき，ねじの進む向きと逆向き（図7 f の向き）にはたらくため，右辺にはマイナスが付きます．

$$f = -ev \times B \quad \text{答}$$

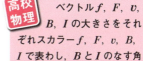
ベクトル f, F, v, B, I の大きさをそれぞれスカラー f, F, v, B, I で表わし，B と I のなす角を θ とします．
(1) 1個の電子が受けるローレンツ力の大きさ f は
$$f = evB \sin \theta$$
と表されます．

(2) 導線中にある自由電子の個数を式で表しなさい．

◀解答▶

(2) 導線の体積が Sl なので，導線中の自由電子の個数は nSl になります．答

(3) 直線導線が磁場から受ける力 F を外積を用いて表しなさい．

◀解答▶

(3) 導線中を移動するすべての自由電子が受けるローレンツ力の合力が F となるので，

$$F = nSlf$$
$$= -nSlev \times B \quad \cdots \text{①} \quad \text{答}$$

(4) 直線導線を流れる電流 I を v を用いて表しなさい．

◀解答▶

(4) **電流の大きさ I** は，次のように定義されています．

『単位時間あたりに導体の断面を通過する電気量』

まず，単位時間あたりに導線の断面を通過する電

子の個数を求めます．図8のように，直線導線内のそれぞれの電子は，単位時間あたりに距離$|\boldsymbol{v}|(=v)$だけ進みます．単位時間あたりに断面積Sの断面を通過する電子は，図8の底面積S，高さ$|\boldsymbol{v}|(=v)$の円柱内にある電子なので，その個数は

$$nS|\boldsymbol{v}|$$

となります．

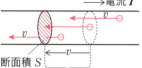

図8 単位時間あたりの電子の動き

この円柱部分に含まれる電子が，単位時間に斜線をつけた断面を通過します．

よって，単位時間あたりに導線の断面を通過する電気量，すなわち電流の大きさIは，

$$I = enS|\boldsymbol{v}|$$

と表されます．

電子1個の電荷は$-e$，その大きさはeなので，これに上で求めた個数をかければIが求まります．

最後に，電流の向きは「正電荷が移動する向き」と定められているので，電流Iは電子の速度$\boldsymbol{v}$と逆向きになるので，

$$\boldsymbol{I} = -enS\boldsymbol{v} \quad \cdots ② \quad \text{答}$$

と表されます．

電子の電荷の大きさe（電気素量）を用いた電流の大きさIの表式

電流の大きさ $I = envS$

---

(5) $\boldsymbol{F}$ を $\boldsymbol{I}$ を用いた外積の式で表しなさい．

◀解答▶

(5) ②を①に代入して

$$\boldsymbol{F} = l\boldsymbol{I} \times \boldsymbol{B} \quad \text{答}$$

図7のように，磁束密度Bと電流Iのなす角をθとすると，長さlの直線導線が受ける力の大きさFは次のように表されます．

磁場中の直線電流が受ける力F
$$F = lIB\sin\theta$$

講義24 ビオ・サバールの法則

　静止している電荷のまわりには電場が生じること，そして，その現象を表す法則がクーロンの法則やガウスの法則であることを学びました．

　それとは対照的に，運動している電荷のまわりには磁場が生じ，その現象を表す法則がビオ・サバールの法則やアンペールの法則です．今回の講義では，ビオ・サバールの法則について学習していきましょう．

▶▶ ビオ・サバールの法則とはどんな法則だろうか？

　図1のように，正電荷 Q が速度 $\boldsymbol{v}$ で運動しているとき，この電荷のまわりには磁場が生じます．電荷の位置を原点とする位置ベクトル $\boldsymbol{r}$ の位置Pに生じる磁束密度 $\boldsymbol{B}$ は，ビオ・サバールの法則によれば，次のように表すことができます．

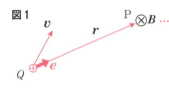

図1

$$\boldsymbol{B} = \frac{\mu_0}{4\pi} \cdot \frac{Q\boldsymbol{v} \times \boldsymbol{e}}{r^2}$$

$$\boldsymbol{B} = \frac{\mu_0}{4\pi} \cdot \frac{Q\boldsymbol{v} \times \boldsymbol{r}}{r^3} \quad \cdots ①$$

記号 $\otimes B$ の意味
　$\boldsymbol{v}$，$\boldsymbol{r}$ が紙面上にあるとき，$\boldsymbol{B}$ の向きが紙面に垂直に表から裏であることを表しています．

$\begin{pmatrix} \mu_0：真空の透磁率 \\ \boldsymbol{e}：\dfrac{\boldsymbol{r}}{|\boldsymbol{r}|} \text{ すなわち，} \boldsymbol{r} \text{ と} \\ \text{同じ向きで大きさが} \\ 1 \text{の単位ベクトル} \end{pmatrix}$

　①式より，生じる磁束密度 $\boldsymbol{B}$ の大きさは，電荷 Q に比例し，距離 r の2乗に反比例することがわかります．クーロンの法則と同じ逆2乗則になっています．ビオ・サバールの法則は，電荷が動くと磁場が生じることを示していますが，電荷の連続的な流れが電流であることを考えると，電流は磁場をつくることになります．そこで，電流のつくる磁場の表式を求める準備として，まずは，電流の表式について復習しておきましょう．

> **復習** 図2のように、断面積 S の導線中を正電荷 q が一定の速度 v で流れています。この導線の単位体積あたりの電荷の個数を n とします。この導線を流れる電流 I を式で表しなさい。

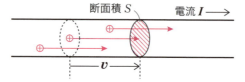

◀解答▶

微積物理　前回の講義では、電流を自由電子の流れで考えましたが、正電荷の流れとしても同様に考えることができます。上の図から、単位時間あたりに導線の断面積 S を通過する正電荷の数は　(a)　となるから、単位時間あたりに導線の断面を通過する電気量、すなわち電流の大きさ I は、(b)　となります。電流 I の向きは、正電荷の速度 v の向きと同じなので

$$I = \boxed{(c)} \quad \cdots \text{②}$$

と表されます。

▶▶▶ 電流を用いてビオ・サバールの法則を表そう！

ビオ・サバールの法則を実際に適用するとき、電荷の動きは電流として表されていることが多いので、ビオ・サバールの法則を電流を用いた表現に変形しておきましょう。

図3のように、導線の微小部分の長さを Δl とすると、その中の電気量 ΔQ は、

$$\Delta Q = qnS\Delta l \quad \cdots \text{③}$$

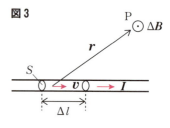

となります。この微小部分を原点とする位置ベクトル $\boldsymbol{r}$ の位置Pに生じる磁束密

(a) $n|\boldsymbol{v}|S$　　(b) $qn|\boldsymbol{v}|S$　　(c) $qnS\boldsymbol{v}$

度 ΔB は，ビオ・サバールの法則①式より，

$$\Delta B = \frac{\mu_0}{4\pi} \cdot \frac{\Delta Q \boldsymbol{v} \times \boldsymbol{r}}{r^3}$$

と表され，さらに③式より

$$\Delta B = \frac{\mu_0}{4\pi} \cdot \frac{qnS\Delta l \boldsymbol{v} \times \boldsymbol{r}}{r^3}$$

と表されます．ここで復習で求めた②式を使い，ΔB を導線を流れる電流 I を用いて表すと，

$$\Delta B = \frac{\mu_0}{4\pi} \cdot \frac{\boldsymbol{I} \times \boldsymbol{r}}{r^3} \cdot \Delta l$$

となります．**ビオ・サバールの法則は，この形で覚えておくと適用するときに便利です．**

―― ビオ・サバールの法則 ――
$$\Delta B = \frac{\mu_0}{4\pi} \cdot \frac{\boldsymbol{I} \times \boldsymbol{r}}{r^3} \cdot \Delta l$$

> 導線の微小部分を電流 I（大きさ I）と同じ向きのベクトル Δl と考えて，ビオ・サバールの法則を
> $$\Delta B = \frac{\mu_0 I}{4\pi} \cdot \frac{\Delta \boldsymbol{l} \times \boldsymbol{r}}{r^3}$$
> と表現する場合もあります．

　さらに，電流全体がつくる磁束密度 B は，すべての微小部分のつくる磁束密度 ΔB をたし合わせればよいので，

$$\begin{aligned}
B &= \lim_{\Delta l \to 0} \sum_{\Delta l} \Delta B \\
&= \lim_{\Delta l \to 0} \sum_{\Delta l} \frac{\mu_0}{4\pi} \cdot \frac{\boldsymbol{I} \times \boldsymbol{r}}{r^3} \cdot \Delta l \\
&= \int_{\text{回路全体}} \frac{\mu_0}{4\pi} \cdot \frac{\boldsymbol{I} \times \boldsymbol{r}}{r^3} dl
\end{aligned}$$

となります．これが電流を用いたビオ・サバールの法則です．
　次に，ビオ・サバールの法則を用いて，電流のつくる磁場の表式を実際に求めていきましょう．

▶▶▶ 円電流がその中心につくる磁場を求めよう！

課題 図4のような透磁率 μ_0 の真空中で，xy 平面上にある原点 O を中心とする半径 a の導線に，電流 $\boldsymbol{I}$（大きさ I）が流れています．

(1) 導線中の微小区間 Δl が原点 O につくる磁束密度の大きさ ΔB とその向きを求めなさい．

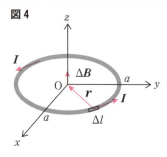

図4

◀解答▶

―― ビオ・サバールの法則 ――
$$\Delta B = \frac{\mu_0}{4\pi} \cdot \frac{\boldsymbol{I} \times \boldsymbol{r}}{r^3} \cdot \Delta l$$

を用いて解いていきます．上式において $\boldsymbol{r}$ は Δl から原点 O に向くベクトルなので，$\boldsymbol{I}$ と $\boldsymbol{r}$ のなす角はつねに $\frac{\pi}{2}$ です．したがって，$\boldsymbol{I} \times \boldsymbol{r}$ の大きさ $|\boldsymbol{I} \times \boldsymbol{r}|$ は，

$$|\boldsymbol{I} \times \boldsymbol{r}| = Ia \sin \frac{\pi}{2}$$

となるので，微小区間 Δl が原点 O につくる磁束密度の大きさ ΔB は，

$$\Delta B = \frac{\mu_0}{4\pi} \cdot \frac{Ia \sin \frac{\pi}{2}}{a^3} \cdot \Delta l$$

$$= \frac{\mu_0 I}{4\pi a^2} \cdot \Delta l \quad \cdots \text{④} \quad \boxed{答}$$

となり，その向きは $\boldsymbol{I}$ から $\boldsymbol{r}$ の向きに右ねじを回したとき，ねじの進む向きなので，**z 軸正の向き**になります．　$\boxed{答}$

(2) 円電流全体が原点 O につくる磁束密度の大きさ B とその向きを求めなさい．

◀解答▶

微積物理 ④式において，円電流内の微小区間 Δl が原点 O につくる磁束密度は，すべて同じ向きで z 軸正の向きになります．したがって，円電流全体が原点 O につくる磁束密度の大きさ B は，積分を用いて表すと以下のようになります．

$$B = \int_{\text{円電流全体}} \frac{\mu_0 I}{4\pi a^2} \cdot dl$$

$$= \frac{\mu_0 I}{4\pi a^2} \int_{\text{円電流全体}} dl$$

$$= \frac{\mu_0 I}{4\pi a^2} \cdot 2\pi a$$

$$= \frac{\mu_0 I}{2a} \quad \text{答}$$

向きは z 軸正の向きになります．答

  半径 a の円電流 I がその中心につくる磁場の大きさ H は

$$H = \frac{I}{2a}$$

磁束密度の大きさ B は

$$B = \mu_0 H = \frac{\mu_0 I}{2a}$$

となり，左の答と同じになります．高校物理では，この式が成立する根拠は示されていません．

◀別解▶

微積物理 上の解答中に出てくる積分の方法に多少違和感のある人は，以下のように考えてもよいと思います．

図 5 のように，微小区間 Δl をその中心角 $\Delta\phi$ を用いて表すと，

$$\Delta l = a\Delta\phi$$

となるので，④式を ϕ を用いて表すと，

$$\Delta B = \frac{\mu_0 I}{4\pi a}\Delta\phi \quad \cdots \text{⑤}$$

となります．B は ΔB を円電流全体についてたし合わせたものなので，⑤式を ϕ で 0 から 2π まで定積分すれば求められます．

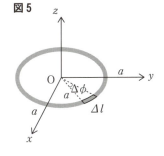

図 5

$$B = \int_0^{2\pi} \frac{\mu_0 I}{4\pi a} d\phi$$

$$= \frac{\mu_0 I}{4\pi a}[\phi]_0^{2\pi}$$

$$= \frac{\mu_0 I}{2a} \quad \text{答}$$

講義25
電流のつくる磁場

前回の講義では，ビオ・サバールの法則について学習しました．まずは，その復習から始めましょう．

復習 図1のような透磁率 μ_0 の真空中で，微小部分 Δl に流れる電流 I が，そこから r（長さ r）の位置Pにつくる磁束密度 ΔB を式で表しなさい．

$\Delta B = $ □ (a)

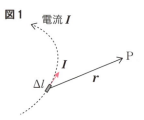
図1

今回の講義では，ビオ・サバールの法則を使って，電流のつくる磁場の典型的な表式を求めていきましょう．

▶▶ 直線電流のつくる磁場を求めよう！

課題1 図2のような透磁率 μ_0 の真空中で，z 軸正の向きに電流 I（大きさ I）が流れています．

(1) 高さ z 付近の微小区間 Δz が，点P $(a, 0, 0)$ につくる磁束密度の大きさ ΔB とその向きを求めなさい．ただし，図中の角（I と r のなす角）を ϕ とします．

図2

◀解答▶

(1) ビオ・サバールの法則より

$$\Delta B = \frac{\mu_0}{4\pi} \cdot \frac{I\sqrt{a^2+z^2}\sin\phi}{\left(\sqrt{a^2+z^2}\right)^3} \cdot \Delta z$$

> 位置ベクトルの長さ r, すなわち $|\boldsymbol{r}|$ は三平方の定理より
> $r = \sqrt{a^2+z^2}$

(a) $\dfrac{\mu_0}{4\pi} \cdot \dfrac{\boldsymbol{I} \times \boldsymbol{r}}{r^3} \cdot \Delta l$

ここで，$\sin\phi = \boxed{\text{(b)}}$ だから

$$\Delta B = \frac{\mu_0}{4\pi} \cdot \frac{Ia}{(a^2+z^2)^{\frac{3}{2}}} \cdot \Delta z \quad \text{答}$$

> $\sin\phi = \sin(\pi-\phi)$
> $= \dfrac{a}{r}$
> $= \dfrac{a}{\sqrt{a^2+z^2}}$

点 P での磁束密度の向きは，図中の I から r に右ねじを回したとき，ねじの進む向きだから，**y 軸正の向き**になります．答

---

(2) z 軸正の向きに流れる電流全体が，点 P につくる磁束密度の大きさ B とその向きを求めなさい．

◀**解答**▶

(2) z 軸正の向きに流れる電流全体が点 P につくる磁束密度の大きさ B は，z 軸上にあるすべての微小区間のつくる磁束密度 ΔB のたし合わせになるので，

$$B = \lim_{\Delta z \to 0} \sum_{\Delta z} \Delta B$$

$$= \lim_{\Delta z \to 0} \sum_{\Delta z} \frac{\mu_0}{4\pi} \cdot \frac{Ia}{(a^2+z^2)^{\frac{3}{2}}} \cdot \Delta z$$

$$= \int_{\text{直線電流全体}} \frac{\mu_0}{4\pi} \cdot \frac{Ia}{(a^2+z^2)^{\frac{3}{2}}} \, dz$$

$$= \int_{-\infty}^{+\infty} \frac{\mu_0}{4\pi} \cdot \frac{Ia}{(a^2+z^2)^{\frac{3}{2}}} \, dz$$

> この置き方については，数学のてびき p.180 を参照してください．

ここで，$z = a\tan\theta$ とおくと

$$\frac{dz}{d\theta} = \frac{a}{\cos^2\theta}$$

z	$-\infty$	$\to$	$+\infty$
θ	$-\dfrac{\pi}{2}$	$\to$	$\dfrac{\pi}{2}$

となるから，

$$B = \int_{-\frac{\pi}{2}}^{\frac{\pi}{2}} \frac{\mu_0}{4\pi} \cdot \frac{Ia}{(a^2+a^2\tan^2\theta)^{\frac{3}{2}}} \cdot \frac{a}{\cos^2\theta} \, d\theta$$

> ここでは，置換積分法（数学のてびき p.176）
> $$\int f(z)\,dz = \int f(z)\frac{dz}{d\theta}\,d\theta$$
> の関係を用いて変形しています．
> なお，$\dfrac{dz}{d\theta} = \dfrac{a}{\cos^2\theta}$ は形式的に $dz = \dfrac{a}{\cos^2\theta}\,d\theta$ と書き，dz を $\dfrac{a}{\cos^2\theta}\,d\theta$ に置き換えたと考えることもできます．

(b) $\dfrac{a}{\sqrt{a^2+z^2}}$

$$= \boxed{\quad\text{(c)}\quad}$$

$$= \frac{\mu_0 I}{4\pi a}\left[\sin\theta\right]_{-\frac{\pi}{2}}^{\frac{\pi}{2}}$$

$$= \frac{\mu_0 I}{4\pi a}\{1-(-1)\}$$

$$= \frac{\mu_0 I}{2\pi a} \quad\text{答}$$

z 軸上にあるすべての微小区間が，点 P につくる磁束密度の向きはすべて y 軸正の向きになるので，そのたし合わせも **y 軸正の向き**になります． 答

　直線電流 I が，電流から距離 a の位置につくる磁場の大きさ H は，

$$H = \frac{I}{2\pi a}$$

磁束密度の大きさ B は，

$$B = \mu_0 H = \frac{\mu_0 I}{2\pi a}$$

となります．電流の向きを右ねじの進む向きにとると，磁束密度の向きは右ねじの回す向きになります．もちろん，左の答と一致しています．また，高校物理では，この式が成立する根拠は示されていません．

≫≫ 円電流のつくる磁場を求めよう！

前回の講義では，円電流がその中心につくる磁場を求めましたが，ここでは，円電流がその中心軸上につくる磁場を求めます．

 図3のような透磁率 μ_0 の真空中で，xy 平面上にある原点 O を中心とする半径 a の導線に電流 $\boldsymbol{I}$（大きさ I）を流します．
(1) 導線中の微小区間 Δl が点 P $(0, 0, z)$ につくる磁束密度の大きさ ΔB_P を式で表しなさい．

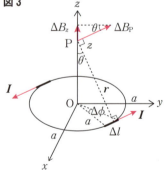

図3

◀解答▶

(1) ビオ・サバールの法則より

$$\Delta B_\mathrm{P} = \frac{\mu_0}{4\pi}\cdot\frac{I\sqrt{a^2+z^2}\sin\dfrac{\pi}{2}}{\left(\sqrt{a^2+z^2}\right)^3}\cdot\Delta l$$

ビオ・サバールの法則

$$\Delta B = \frac{\mu_0}{4\pi}\cdot\frac{\boldsymbol{I}\times\boldsymbol{r}}{r^3}\cdot\Delta l$$

において，$\boldsymbol{I}$ と $\boldsymbol{r}$ のなす角は $\dfrac{\pi}{2}$ になっています．

(c) $\dfrac{\mu_0 I}{4\pi a}\displaystyle\int_{-\frac{\pi}{2}}^{\frac{\pi}{2}}\cos\theta\, d\theta$

$$= \frac{\mu_0 I}{4\pi(a^2+z^2)} \cdot \Delta l \quad \cdots \text{①} \quad \boxed{答}$$

円電流全体が点 P につくる磁束密度は図 4 のようになり，対称性を考えると x, y 軸成分は相殺され z 軸成分だけが残ることがわかります．そこで，ΔB_P の z 成分を求めておきます．

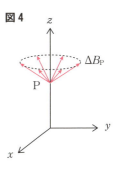

図 4

(2) ΔB_P の z 成分 ΔB_z を求めなさい．

◀解答▶

(2) 図 3 より

$$\Delta B_z = \Delta B_\text{P} \sin\theta \quad \cdots \text{②}$$

ここで，$\sin\theta = \dfrac{a}{|\boldsymbol{r}|} = \dfrac{a}{\sqrt{a^2+z^2}}$ だから，②式は

$$\Delta B_z = \Delta B_\text{P} \cdot \frac{a}{\sqrt{a^2+z^2}}$$

上式に①式を代入して整理すると，

$$\Delta B_z = \frac{\mu_0 I}{4\pi(a^2+z^2)} \cdot \Delta l \cdot \frac{a}{\sqrt{a^2+z^2}}$$

$$= \frac{\mu_0 I a}{4\pi(a^2+z^2)^{\frac{3}{2}}} \cdot \Delta l \quad \cdots \text{③} \quad \boxed{答}$$

(3) 円電流全体が点 P につくる磁束密度の大きさ B とその向きを求めなさい．

◀解答▶

(3) B は，ΔB_z を円電流全体についてたし合わせたものなので，③式より

$$B = \int_{\text{円電流全体}} \frac{\mu_0 I a}{4\pi(a^2+z^2)^{\frac{3}{2}}} dl$$

$$= \frac{\mu_0 I a}{4\pi(a^2+z^2)^{\frac{3}{2}}} \int_{\text{円電流全体}} dl$$

$$= \frac{\mu_0 I a}{4\pi(a^2+z^2)^{\frac{3}{2}}} \cdot 2\pi a$$

$$= \frac{\mu_0 I a^2}{2(a^2+z^2)^{\frac{3}{2}}} \quad \cdots ④ \quad \text{答}$$

向きは，ΔB_z のたし合わせなので **z 軸正の向き**です．
答

ソレノイドのつくる磁場を求めよう！

ソレノイド・コイルともいいます．

課題3 図5のような透磁率 μ_0 の真空中で，中心軸が z 軸と一致している半径 a の十分に長いソレノイドに大きさ I の電流を流します．このソレノイドは単位長さ（z 軸方向）あたり n 巻きになっています．
(1) 高さ z 付近の幅 Δz の微小部分が，原点 O につくる磁束密度の大きさ ΔB とその向きを求めなさい．

図5

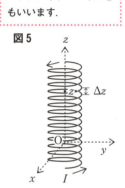

◀解答▶

微積物理
(1) z 軸方向の幅 Δz の微小部分の巻き数は $n\Delta z$ なので，この微小部分には円電流が $n\Delta z \cdot I$ だけ流れていると見なせます．また，原点 O の高さは微小部分（高さ z）よりも $-z$ だけ高いと解釈できるので，微小部分が原点 O につくる磁束密度の大きさ ΔB は，課題2の④式を用いて，次のように表すことができます．

$$\Delta B = \frac{\mu_0 \cdot n\Delta z I \cdot a^2}{2\{a^2+(-z)^2\}^{\frac{3}{2}}}$$

$$= \frac{\mu_0 n I a^2}{2(a^2+z^2)^{\frac{3}{2}}} \Delta z \quad \cdots ⑤ \quad \text{答}$$

向きは，課題2と同じ状況なので **z 軸正の向き**です．
答

(2) ソレノイド全体が原点 O につくる磁束密度の大きさ B とその向きを求めなさい．

◀解答▶

(2) B は ΔB をソレノイド全体についてたし合わせたものなので，ΔB（⑤式）を z で $-\infty$ から $+\infty$ まで定積分して求めることができます．

$$B = \boxed{\qquad\text{(d)}\qquad}$$

ここで，$z = a\tan\theta$ とおくと

$$\frac{dz}{d\theta} = \frac{a}{\cos^2\theta}$$

z	$-\infty$	$\to$	$+\infty$
θ	$-\dfrac{\pi}{2}$	$\to$	$\dfrac{\pi}{2}$

となるから，

$$B = \int_{-\frac{\pi}{2}}^{\frac{\pi}{2}} \frac{\mu_0 n I a^2}{2(a^2 + a^2\tan^2\theta)^{\frac{3}{2}}} \cdot \frac{a}{\cos^2\theta} d\theta$$

$$= \boxed{\qquad\text{(e)}\qquad}$$

$$= \frac{\mu_0 n I}{2}\left[\sin\theta\right]_{-\frac{\pi}{2}}^{\frac{\pi}{2}}$$

$$= \frac{\mu_0 n I}{2}\{1-(-1)\}$$

$$= \mu_0 n I \quad \text{答}$$

向きは，どの微小部分が原点 O につくる磁束密度もすべて z 軸正の向きになるので，それらをたし合わせたものも **z 軸正の向き**になります．　答

ソレノイド内部に生じる磁場の大きさ H は，単位長さあたりの巻き数を n，電流を I として

$$H = nI$$

と表されます．また，磁束密度の大きさ B は

$$B = \mu_0 H = \mu_0 n I$$

となります．右ねじを回す向きが電流の向き，右ねじが進む向きが磁場の向きを表しています．なお，この式も高校物理では成立する根拠は示されていません．

(d) $\displaystyle\int_{-\infty}^{+\infty} \frac{\mu_0 n I a^2}{2(a^2+z^2)^{\frac{3}{2}}} dz$　　(e) $\displaystyle\frac{\mu_0 n I}{2}\int_{-\frac{\pi}{2}}^{\frac{\pi}{2}} \cos\theta\, d\theta$

講義 26
アンペールの法則

講義 24 と 25 では，運動している電荷すなわち電流のつくる磁場を表す法則として，ビオ・サバールの法則について学習しました．今回の講義では，電流のつくる磁場を表すもう 1 つの法則であるアンペールの法則について学習します．まずは高校物理の復習から始めましょう．

復習 図 1 のような透磁率 μ_0 の真空中に，無限に長い直線導線を置き，定常電流 I（大きさ I）を流します．
　この導線から距離 a の点における磁束密度 B の大きさ B と向きを求めなさい．

図 1
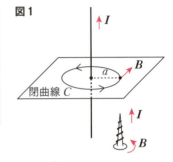

◀**解答**▶

 直線電流がつくる磁場の問題です．高校物理では，公式と右ねじの関係を覚えて右のように答えました．また，講義 25 の課題 1 では，ビオ・サバールの法則を用いて次の①式を求めました（p.122 参照）．

$$B = \frac{\mu_0 I}{2\pi a} \quad \cdots \text{①} \quad \boxed{答}$$

向きは右の答を参照してください．

高校物理 直線電流のつくる磁場
$$H = \frac{I}{2\pi a}$$
$$B = \mu_0 H = \frac{\mu_0 I}{2\pi a} \quad \boxed{答}$$
右ねじの進む向きに電流 I をとると，磁束密度 B は**右ねじを回す向き**になります． 答

▶▶▶ アンペールの法則とはどんな法則だろうか？

アンペールの法則のおおざっぱなイメージは，上で復習した直線電流のつくる磁場で考えるとわかりやすいと思います．図 1 のように，電流をぐるっと一周囲むような閉曲線 C（上の復習では半径 a の円）を考え，この閉曲線 C と磁束密度 B と電流 I の関係を見ていきます．まずは，①式を次の②式のように変形し，その意

味について考えてみましょう．

$$B \cdot 2\pi a = \mu_0 I \quad \cdots ②$$

- 磁束密度 B の閉曲線 C に対する接線成分
- 閉曲線 C の長さ
- 閉曲線 C で囲まれる断面を通過する全電流 I

直線電流のつくる磁場を表すアンペールの法則のイメージは，②式下の説明のようになります．これをより一般化して，言葉で表現すると次のように表現できます．

言葉で表現したアンペールの法則（一般化）

$$\begin{pmatrix}\text{任意の閉曲線 } C \text{ に沿って磁束}\\ \text{密度 } B \text{ を線積分したもの}\end{pmatrix} = \mu_0 \cdot \begin{pmatrix}\text{閉曲線 } C \text{ で囲まれる断面を}\\ \text{通過する全電流 } I\end{pmatrix} \quad \cdots ③$$

それでは，細かく見ていきましょう．②式下の説明では閉曲線 C を半径 a の円として考えましたが，一般化したアンペールの法則では閉曲線 C は円である必要はなく任意に設定することができます．図 2 のように，閉曲線 C で囲まれる領域を十分に小さな領域に分割し，各領域を 1 周する線積分を考えます．すると図 3 のように，各領域の境界部分

図 2
閉曲線 C

図 3

> このような「曲線に沿った積分」を線積分といいます．詳しい説明はあとに出てきます．

> 電流 I の向きは，線積分する向きを右ねじの回す向きとしたとき，右ねじの進む向きが正の向きになります．

（点線部分）は相殺されるため，周囲の線積分（実線部分）だけが残ります．また，各領域を通過する電流の和が，閉曲線 C で囲まれる断面を通過する全電流 I になります．微小領域を足したり引いたりすることで，閉曲線 C は任意に設定することができるということです．また，線積分する向きは，電流 I の向きと右ねじの関係になっていることにも注意してください．

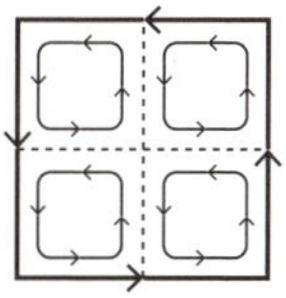

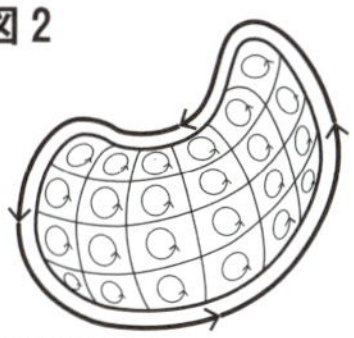

≫ アンペールの法則を式で表してみよう！

次に，上記の言葉で表現したアンペールの法則を式として表すことを考えてみま

しょう．結論を先に書いてしまうと，次のようになります．

図4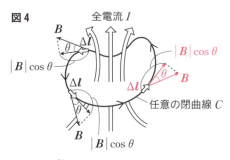

任意の閉曲線 C

―アンペールの法則―
$$\oint_C \boldsymbol{B} \cdot d\boldsymbol{l} = \mu_0 I$$
… ④

③式と④式の右辺が同じであることはわかると思いますので，③式の左辺がなぜ④式の左辺のように表されるのかについて考えてみましょう．**「任意の閉曲線 C に沿って磁束密度 B を線積分したもの」**とは，図4のように，磁束密度 B と閉曲線 C（図4）上の微小変位ベクトル $\Delta \boldsymbol{l}$ との内積 $\boldsymbol{B} \cdot \Delta \boldsymbol{l}$ を任意の閉曲線 C に沿ってたし合わせたものです．したがって，

$$\lim_{\Delta l \to 0} \sum_{\text{閉曲線}C} \boldsymbol{B} \cdot \Delta \boldsymbol{l} = \oint_C \boldsymbol{B} \cdot d\boldsymbol{l}$$

と表すことができます．

> 微小変位ベクトルとは，閉曲線 C 上の微小部分に向きをもたせたベクトルのことです．

> $\boldsymbol{B}$ と $\Delta \boldsymbol{l}$ とのなす角を θ とすると，その内積は
> $\boldsymbol{B} \cdot \Delta \boldsymbol{l} = |\boldsymbol{B}||\Delta \boldsymbol{l}|\cos\theta$
> と表されます．

> 積分記号の○印は，積分区間が閉曲線であることを明示するための記号です．

アンペールの法則が

$$\oint_C \boldsymbol{B} \cdot d\boldsymbol{l} = \mu_0 I$$

のように表されることがわかりましたので，早速アンペールの法則を使ってみることにしましょう．ここでは，p.126の復習の問題をもう一度考えてみることにします．閉曲線 C を半径 a の円に設定すると，直線電流のつくる磁束密度 B と閉曲線 C 上の微小変位 $\Delta \boldsymbol{l}$ はつねに同じ向きになるので，B を閉曲線 C に沿って線積分したもの（アンペールの法則の左辺）は，

$$\oint_C \boldsymbol{B} \cdot d\boldsymbol{l} = \oint_C B dl$$
$$= B \oint_C dl$$
$$= B \cdot 2\pi a$$

> $\boldsymbol{B}$ と $\Delta \boldsymbol{l}$ の内積は，$\boldsymbol{B}$ と $\Delta \boldsymbol{l}$ が同じ向き（$\theta = 0$）なので，$\boldsymbol{B}$ と $\Delta \boldsymbol{l}$ の大きさをそれぞれ B と Δl とすると
> $\boldsymbol{B} \cdot \Delta \boldsymbol{l} = B \Delta l \cos 0$
> $= B \Delta l$
> となります．

> 半径 a の円周上では，B は一定になるので，積分記号の前に出せます．

となります．したがって，アンペールの法則は，

$$B \cdot 2\pi a = \mu_0 I$$

と表され，B は次のように求められます．

$$B = \frac{\mu_0 I}{2\pi a}$$

> 磁束密度 B の向きも図1を見ながら確認しておいてください．

課題　図5のような透磁率 μ_0 の真空中に，半径 a の無限に長い薄い円筒（中空）を置き，円筒面の軸方向に大きさ I の一様な定常電流を流します．円筒内外の磁束密度を求めなさい．

図5
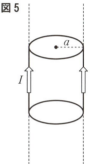

◀解答▶

　図6のように，円筒の外側（$r > a$）と内側（$0 < r < a$）に分けて考えます．

ⅰ）$r > a$ の場合

閉曲線 $C1$ として半径 r（$r > a$）の円を考えると，アンペールの法則

$$\oint_{C1} \boldsymbol{B} \cdot d\boldsymbol{l} = \mu_0 I \quad \cdots ⑤$$

において，$\boldsymbol{B}$（大きさ B）と $\Delta\boldsymbol{l}$（大きさ Δl）はつねに同じ向きになるので，⑤式の左辺は次のように表すことができます．

$$\text{左辺} = \oint_{C1} B \cdot dl$$
$$= B \cdot 2\pi r$$

図6
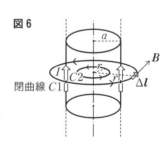
閉曲線 $C1$

閉曲線 $C1$ で囲まれる断面を $C1$ の向きと右ねじの関係にある向き（図7参照）に通過する全電流は I なので，⑤式の右辺は次のように表すことができます．

$$\text{右辺} = \mu_0 I$$

図7

↑I の向き

B の向き（$C1$ の向き）

磁束密度 B の向き（$C1$ の向き）は，電流 I の向きを右ねじの進む向きとして，ねじを回す向きになっています．

したがって，アンペールの法則は

$$B \cdot 2\pi r = \mu_0 I$$

と表され，B は次のように求められます．

$$B = \frac{\mu_0 I}{2\pi r} \quad \boxed{答}$$

ⅱ）$0 < r < a$ の場合

閉曲線 $C2$ として半径 r（$0 < r < a$）の円を考えると，アンペールの法則

$$\oint_{C2} \boldsymbol{B} \cdot d\boldsymbol{l} = \mu_0 I \quad \cdots \text{⑥}$$

において，⑥式の左辺は ⅰ）と同じなので

$$\text{左辺} = B \cdot 2\pi r$$

閉曲線 $C2$ で囲まれる断面を通過する全電流は 0 なので

$$\text{右辺} = 0$$

したがって，アンペールの法則は

$$B \cdot 2\pi r = 0$$

と表され，B は次のように求められます．

$$B = 0 \quad \boxed{答}$$

> 円筒内部に磁場は生じません．

今回学習したアンペールの法則は，「ストークスの定理」という数学公式を使って線積分を面積分に変えることにより，不完全ではありますが，マクスウェルの方程式の1つに変形することができます．しかし，ガウスの法則と同様に本書の性質上，この点についての詳しい説明は電磁気学の専門書にお任せしたいと思います．

> 電場の時間変化によって生じる変位電流の項が抜けています．

講義27 アンペールの法則の利用

今回の講義では，前回に引き続きアンペールの法則を用いた磁場の求め方について学習していきます．まずは，前回の復習をしておきましょう．

復習 アンペールの法則を式で表しなさい．

$$\boxed{\text{(a)}} = \mu_0 I$$

練習問題

図1のような透磁率 μ_0 の真空中に，同軸で薄くて長い2つの円筒（中空）が置かれています．それぞれの円筒面には，軸方向に一様で逆向きの大きさ I_1，I_2（$<I_1$）の電流が流れています．中心軸から距離 r の点での磁束密度を，次の(1)〜(3)の場合に分けて，それぞれ求めなさい．

図1

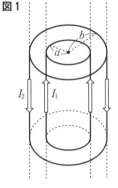

考え方

アンペールの法則

$$\oint_C \boldsymbol{B} \cdot d\boldsymbol{l} = \mu_0 I \quad \cdots ①$$

を用いて解いていきます．

それぞれの電流のつくる磁場は，対称性を考えるとすべて円周方向になるので，閉曲線 C は中心軸から半径 r の円に設定します．すると，①式の左辺の $\boldsymbol{B}$（大きさ B）と $d\boldsymbol{l}$（大きさ dl）はつねに平行になるので，①式の左辺はスカラーの式として次のように表すことができます．

$$\text{左辺} = \oint_C B dl = B \cdot 2\pi r$$

(a) $\oint_C \boldsymbol{B} \cdot d\boldsymbol{l}$

▶▶ (1) 内側の円筒内部（$0 \leq r < a$）における磁束密度の大きさ B_1 を求めなさい．

◀解答▶

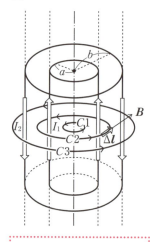

微積物理 (1)では閉曲線 $C1$ を図2のように考えるので，$C1$ で囲まれる断面を通過する全電流は 0 となり，アンペールの法則（①式）は，次のように表されます．

$$B_1 \cdot 2\pi r = \boxed{\text{(b)}}$$

$$\therefore\ B_1 = 0\ \text{答}$$

内側の円筒内部に磁場は生じません．

▶▶ (2) 2つの円筒の間（$a < r < b$）における磁束密度の大きさ B_2 を求めなさい．

◀解答▶

微積物理 (2)では閉曲線 $C2$ を図2のように考えるので，$C2$ で囲まれる断面を $C2$ の向きと右ねじの関係にある向きに通過する全電流は I_1 となり，アンペールの法則（①式）は，次のように表されます．

$$B_2 \cdot 2\pi r = \boxed{\text{(c)}}$$

$$\therefore\ B_2 = \frac{\mu_0 I_1}{2\pi r}\ \text{答}$$

磁束密度の向きは，電流の向きを右ねじの進む向きとしたとき，右ねじの回す向きになっています．

▶▶ (3) 外側の円筒外部（$r > b$）における磁束密度の大きさ B_3 を求めなさい．

(b)　$\mu_0 \cdot 0$　　(c)　$\mu_0 I_1$

◀解答▶

微積物理

(3)では閉曲線 C_3 を図2のように考えるので、C_3 で囲まれる断面を C_3 の向きと右ねじの関係にある向きに通過する全電流は、$I_1 - I_2$ となるので、アンペールの法則（①式）は、次のように表されます．

$$B_3 \cdot 2\pi r = \mu_0 (I_1 - I_2)$$

$$\therefore \quad B_3 = \frac{\mu_0 (I_1 - I_2)}{2\pi r} \quad \boxed{答}$$

> 磁束密度の向きは、$I_1 > I_2$ なので、図2において、C_3 と同じ向きになります．仮に、$I_1 < I_2$ とすると、①式の右辺が負になりますが、これは、B と Δl の内積が負になるということです．本問の場合、B と Δl のなす角 θ が π となり、磁束密度 B が C_3 の向きと逆向き（図2では時計回り）になります．

練習問題

透磁率 μ_0 の真空中に単位長さあたり n 巻きの長いソレノイドが置かれています．図3はソレノイドの中心軸を通る断面図です．このソレノイドに一定の大きさ I の電流を流したとき、ソレノイド内外における磁束密度を求めなさい．

考え方

ここでも、アンペールの法則

$$\oint_C \boldsymbol{B} \cdot d\boldsymbol{l} = \mu_0 I \quad \cdots \quad ①$$

を用いて解いていきます．

対称性を考えると、電流のつくる磁場はどこでも中心軸に平行になります．したがって、図4のように閉曲線は、長さ l の

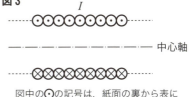

図3

図中の⊙の記号は、紙面の裏から表に向かって電流が流れていることを表しています．⊗は表から裏向きです．

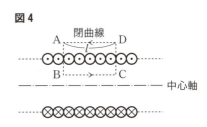

図4

辺が中心軸に平行となるような長方形 ABCD に設定します．①式左辺の $\boldsymbol{B}$ と $d\boldsymbol{l}$ は辺 AB，CD においては互いに垂直となるので線積分は 0 になります．一方、辺 BC，DA においては互いに平行となるので、線積分はスカラーの積で表すことができます．

▶▶ (1) ソレノイド外部における磁束密度の大きさ B_{out} を求めなさい．ただし，ソレノイド中心軸における磁束密度の大きさ $B_0 = \mu_0 nI$（p.125 で導出済）を利用してよいものとします．

◆解答▶

微積物理 (1) 図5のように，中心軸を通る長方形 ABCD 内でアンペールの法則を適用すると，

$$B_0 \cdot l + B_{\text{out}} \cdot l = \mu_0 \cdot nlI$$

ここで，$B_0 = \mu_0 nI$ だから

$$\mu_0 nI \cdot l + B_{\text{out}} \cdot l = \mu_0 \cdot nlI$$

$$\therefore \ B_{\text{out}} = 0 \quad \boxed{答}$$

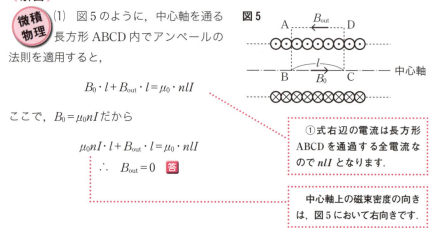

図5

①式右辺の電流は長方形 ABCD を通過する全電流なので nlI となります．

中心軸上の磁束密度の向きは，図5において右向きです．

▶▶ (2) 中心軸以外のソレノイド内部における磁束密度の大きさ B_{in} を求めなさい．

◆解答▶

微積物理 (2) 図6のように，中心軸を通らない長方形 ABCD 内でアンペールの法則を適用すると，

$$B_{\text{in}} \cdot l + B_{\text{out}} \cdot l = \mu_0 \cdot nlI$$

ここで，$B_{\text{out}} = 0$ だから

$$\therefore \ B_{\text{in}} = \mu_0 nI \quad \boxed{答}$$

(1)(2)の結果から，ソレノイドに流れる電流がつくる磁束密度は，内部では一様に $\mu_0 nI$ になり，外部では 0 になることがわかります．

講義28
電磁誘導の法則

電荷はそのまわりに電場をつくります．電荷の流れである電流はそのまわりに磁場をつくります．このように考えてみると電場と磁場には何か関係がありそうな気がします．今回の講義では，電場と磁場の関係を表す電磁誘導の法則について学習していきましょう．

▶▶ 電磁誘導の法則を復習しよう！

高校物理で学んだ電磁誘導に関する事柄を復習しておきましょう．まずは，磁束についてです．

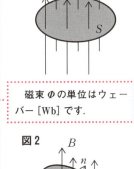

図1

復習 下の空欄に入る語または式を答えなさい．
(1) 図1のように，磁束密度の大きさ B の一様な磁場に，それに垂直な面積 S の断面をかけた量 Φ を，その断面を貫く (a) といい，

$$\Phi = \boxed{\text{(b)}}$$

と表すことができます．また，図2のように，磁場の向きと断面の法線 n の向きが角 θ をなすとき，断面を貫く磁束 Φ は，

$$\Phi = \boxed{\text{(c)}}$$

と表されます．

磁束 Φ の単位はウェーバー[Wb]です．

図2

(2) 図3のように，コイルに磁石を近づけたり遠ざけたりすると，コイルに電流が流れます．このような現象を (d) といい，コイルに流れる電流を (e) ，また，コイルに生じる起電力を (f) といいます．

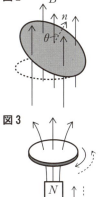

図3

(3) 誘導起電力の向きと大きさについては次の電磁

(a) 磁束 (b) BS (c) $BS\cos\theta$ (d) 電磁誘導 (e) 誘導電流 (f) 誘導起電力

誘導の法則が成り立ちます.

――― 電磁誘導の法則 ―――

Ⅰ. 誘導起電力は誘導電流のつくる磁場が，コイルを貫く磁束の変化を （g） 向きに生じます（**レンツの法則**）.

Ⅱ. コイルを貫く磁束が時間 Δt [s] 間に $\Delta \varPhi$ [Wb] だけ変化するとき，コイルに生じる誘導起電力 V [V] は

$$V = \boxed{\text{(h)}}$$

となります．ただし，右辺の符号は図4のように $\varPhi$ と V の正の向きを定めたことによります（**ファラデーの法則**）.

例えば，図3のように N 極をコイルの下から近づけると，コイルを貫く上向きの磁束が増えるので，コイルには下向きの磁束をつくるように誘導起電力が生じ，誘導電流が流れます（図3では実線の矢印で表示しています）.

上の注のような設定では $\dfrac{\Delta \varPhi}{\Delta t} > 0$ なので，$V < 0$ となっています．図3では実線矢印の向きに誘導起電力が生じ，誘導電流が流れます.

(4) 上の電磁誘導の法則Ⅱにおいてコイルの巻き数を N にすると，生じる誘導起電力 V [V] は

$$V = \boxed{\text{(i)}}$$

となります．

図4

磁束 $\varPhi$ の正の向き

誘導起電力 V の正の向き

起電力 $\left(-\dfrac{\Delta \varPhi}{\Delta t}\right)$ の電池が，直列に N 個接続されているのと同様の扱いになります.

▶▶▶ 電磁誘導の法則を微分を用いて表そう！

上の(4)で答えた式を参考にして，各瞬間ごとに成り立つ巻き数 N のコイルに生じる誘導起電力 V の式を微分を用いて表すと，次のようになります．

――― 電磁誘導の法則 ―――

$$V = -N\dfrac{d\varPhi}{dt} \quad \cdots \text{①}$$

(g) 妨げる　(h) $-\dfrac{\Delta \varPhi}{\Delta t}$　(i) $-N\dfrac{\Delta \varPhi}{\Delta t}$

磁場中を動く導体棒に生じる誘導起電力を求めよう！

課題
図5のように，z軸正の向きの磁束密度Bの一様な磁場中に，y軸と平行な2本の導体レール AB，CDが間隔lで固定されています．AC間にはx軸と平行な抵抗値Rの抵抗が接続されており，導体棒PQがレールと垂直を保ちながらy軸方向に速度vで動いています．
(1) 閉回路PACQに生じる誘導起電力Vを，P→A→C→Qの向きを正として求めなさい．

図5
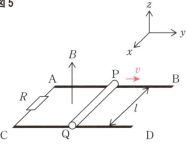

解答

(1) 電磁誘導の法則（①式）において$N=1$として，

$$V = -\frac{d\Phi}{dt}$$

ここで$\Phi = BS$，$B =$一定だから

$$V = -\frac{d(BS)}{dt} = -B\frac{dS}{dt}$$

また，AP$=y$とおくと閉回路PACQの面積Sは，$S =$ (j) と表されるので

$$V = -B\frac{d(ly)}{dt} = -Bl\frac{dy}{dt}$$

となります．さらに$\frac{dy}{dt} =$ (l) なので

$$V = -Blv \quad \text{答}$$

となります．

 磁束密度Bの磁場に対し，垂直な方向に速さvで動く長さlの導体棒には，下記の式で表される大きさVの誘導起電力が生じます．

┌ 導体棒に生じる誘導起電力 ┐
$$V = Blv$$

誘導起電力の向きは，磁束の変化を妨げる向きです．

右辺のマイナスの符号は，閉回路に生じる誘導起電力がP→Q→C→Aの向きであることを表しています．

(j) ly　(l) v

(2) 閉回路PACQに流れる誘導電流Iを，P→A→C→Qの向きを正として求めなさい．

◀解答▶

(2) オームの法則より

$$I = \frac{V}{R} = \boxed{} \text{(m)}$$

≫ 磁場中を回転するコイルに生じる誘導起電力を求めよう！

練習問題

図6のように，磁束密度Bの一様な磁場中で，磁場と垂直な回転軸OO′のまわりに面積S，巻き数Nの長方形コイルPQRSが角速度ωで反時計回りに回転しています．RSがOO′の真上を通過する瞬間を時刻$t=0$とします．

図6

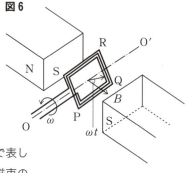

▶ (1) 時刻tのとき，コイルを貫く磁束Φを式で表しなさい．ただし，コイルを図6のように貫く磁束の向きを正とします．

◀解答▶

(1) 図7のように，時刻tのとき磁場の向きとコイルの法線の向きが角ωtとなっているので，コイルを貫く磁束Φは，

$$\Phi = BS\cos\omega t \quad \cdots ② \;\; \boxed{答}$$

図7 P，S側から見たコイルの断面図

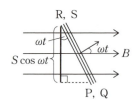

(m) $-\dfrac{Blv}{R}$

▶▶ (2) 時刻 t のときコイルに生じる誘導起電力 V を，P→Q→R→S の向きを正として求めなさい．

◀解答▶

(2) 電磁誘導の法則（①式）より

$$V = -N\frac{d\Phi}{dt}$$

$$= -N\frac{d(BS\cos\omega t)}{dt}$$

$$= \boxed{}\text{(n)} \quad \text{答}$$

このように，周期的に向きが変化する電圧を**交流電圧**といいます．

　これまで，「ガウスの法則」と「アンペールの法則」からマクスウェル方程式が1つずつ導かれると説明しました．そして，今回学習した「電磁誘導の法則」から，さらにもう1つのマクスウェル方程式を導くことができます．残りの1つは「単磁荷（モノポール）が存在しない」ことから導くことができ，これでマクスウェル方程式が4つ出揃うことになります．

(n)　$\omega NBS\sin\omega t$

講義29 自己誘導

コイルに電流を流すと磁場が生じることを学びました．コイル内部に生じる磁束密度 B は電流 I に比例する（$B=\mu_0 nI$　p.125, p.134 参照）ので，コイルを貫く磁束 Φ も電流 I に比例し，その比例定数を L とすると

$$\Phi = LI \quad \cdots ①$$

と表すことができます．①式の比例定数 L はコイルの巻き数や形状，コイル内部の物質によって決まる定数で，コイルの**自己インダクタンス**といいます．

▶▶▶ 自己誘導とはどのような現象だろうか？

コイルに流れる電流 I が時間的に変化すると，コイルを貫く磁束 Φ も時間的に変化するので，コイルには誘導起電力 V が生じます．この現象を**自己誘導**といいます．つまり，**自己誘導とはコイルに流れる電流変化が原因となってコイル自身に誘導起電力が生じる現象**です．

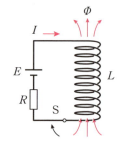

電磁誘導の法則より

$$V = -\frac{d\Phi}{dt}$$

①式より

$$V = -\frac{d(LI)}{dt}$$

$$= -L\frac{dI}{dt}$$

──**自己誘導**──
$$\boxed{V = -L\frac{dI}{dt}} \quad \cdots ②$$

ここで，②式右辺のマイナスの符号について検討してみましょう．例えば，コイ

ルに流れる電流 I が増加する $\left(\dfrac{dI}{dt}>0\right)$ 場合，コイルを貫く磁束が増加し，コイルには磁束の増加を妨げる向き，すなわち電流 I の増加を妨げる向きに誘導起電力 V が生じます．したがって，V と I の正の向きを同じ向きにすると，②式の右辺にはマイナスの符号が付くことになります．

課題1 透磁率 μ_0 の真空中にある巻き数 N，長さ l，断面積 S のソレノイドの自己インダクタンス L を求めなさい．

◆解答▶

ソレノイド内部に生じる磁束密度 B の式，$B=\mu_0 nI$ において，単位長さあたりの巻き数 n は，$n=\boxed{\text{(a)}}$ なので

$$B=\dfrac{\mu_0 NI}{l} \quad \cdots ③$$

となります．ソレノイド1巻きあたりに生じる誘導起電力を v とすると，

$$v=-\dfrac{d\Phi}{dt}$$

$$=-\dfrac{d(BS)}{dt}$$

③式を代入すると，

$$v=\boxed{\text{(b)}}$$

となります．したがって，巻き数 N のソレノイド全体に生じる誘導起電力 V は，

$$V=v\times N$$

$$=-\dfrac{\mu_0 N^2 S}{l}\dfrac{dI}{dt}$$

> 起電力 v の電池が N 個直列に接続されたのと同じ考え方です．

したがって，②式の関係から自己インダクタンス L は，

$$L=\boxed{\text{(c)}} \quad \text{答}$$

(a) $\dfrac{N}{l}$　(b) $-\dfrac{\mu_0 NS}{l}\cdot\dfrac{dI}{dt}$　(c) $\dfrac{\mu_0 N^2 S}{l}$

≫ コイルによる過渡的な現象について考えよう!

コイルを含む直流回路では,コイルにはたらく自己誘導のために,急激な電流の変化が起こりにくくなり,変化が穏やかになります.それでは,その様子について課題を通して詳しく見ていきましょう.

> 時間の経過に伴って,状態が変化する現象のことです.

課題2 図1のように,起電力Eの電池,自己インダクタンスLのコイル,抵抗値Rの抵抗をスイッチを介して接続します.時刻$t=0$のときスイッチを1に入れます.$t=0$の瞬間はコイルに生じる自己誘導起電力のため回路に流れる電流Iは,$I=0$となります.その後,時間の経過とともに電流Iは変化していきます.Iは図1中の矢印の向きを正とします.

(1) 時刻tに対する電流Iの変化を表す式を求めなさい.

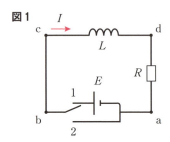

図1

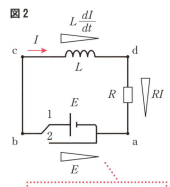

図2

◀解答▶

微積物理 (1) 図2の回路を a→b→c→d→a の順にたどり,電位の上昇と下降を見ていきます.まず,a→b とたどると電池の起電力Eの分だけ電位が上昇します.次に c→d とたどるとコイルの自己誘導により電位が$L\dfrac{dI}{dt}$だけ下降します.最後に d→a とたどると抵抗の電圧降下によりRIだけ電位が下降します.これで閉回路を一周たどってきたので,電位は元に戻り電位差は0になります.上記の関係を**キルヒホッフの第2法則**といい,

> 三角の記号は,太い方が高電位であることを表しています.ここでは,a→b とたどり電位がEだけ上昇したことを表しています.

> $t=0$以降,電池の起電力によりcd間では右向き(正の向き)の電流が大きくなっていきます.したがって,コイルに生じる誘導起電力は,その変化を妨げる向き(c側が高電位)になります.

これを式にしたものが**回路の方程式**です.

回路の方程式より

$$E - L\frac{dI}{dt} - RI = 0$$

$$\frac{dI}{dt} = -\frac{R}{L}I + \frac{E}{L} \quad \cdots \text{④}$$

$$\frac{dI}{dt} = -\frac{R}{L}\left(I - \frac{E}{R}\right)$$

ここで変数分離をします.

$$\int \frac{1}{I - \frac{E}{R}}dI = -\frac{R}{L}\int dt$$

$$\log\left|I - \frac{E}{R}\right| = -\frac{R}{L}t + C_1$$

（C_1 は積分定数）

$$I - \frac{E}{R} = \pm e^{-\frac{R}{L}t + C_1}$$

$$= \pm e^{C_1} \cdot e^{-\frac{R}{L}t}$$

改めて, $\pm e^{C_1} = C$ とおくと

$$I - \frac{E}{R} = Ce^{-\frac{R}{L}t}$$

ここで, $t=0$ のとき $I=0$ だから

$$-\frac{E}{R} = C$$

したがって,

$$I - \frac{E}{R} = -\frac{E}{R}e^{-\frac{R}{L}t}$$

$$\therefore \quad I = \frac{E}{R}\left(1 - e^{-\frac{R}{L}t}\right) \quad \cdots \text{⑤} \quad \boxed{答}$$

> 変数分離では
> $$\int (x \text{だけの式}) \cdot dx$$
> $$= \int (y \text{だけの式}) \cdot dy$$
> の形をめざして変形していきます. 詳しくは数学のてびき p.177 を参照してください.

> 積分公式
> $$\int \frac{1}{x}dx = \log|x| + C$$
> を用います. 詳しくは, 数学のてびき p.178 を参照してください.

> $I = \frac{E}{R}\left(1 - e^{-\frac{R}{L}t}\right)$ を I-t グラフにすると, 以下のようになります.

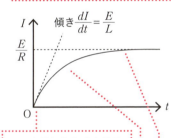

> $t=0$ のとき $I=0$ なので, ④式より $\frac{dI}{dt} = \frac{E}{L}$ となり, $t=0$ のとき, I-t グラフ傾きは $\frac{E}{L}$ となります.

> ④式より, I が増加すると $\frac{dI}{dt}$ は減少し I-t グラフの傾きは小さくなっていきます.

> 十分に時間が経過（$t \to \infty$）すると, I の値は $\frac{E}{R}$ に近づいていきます.

講義 29 自己誘導

▶(2) 時刻 $t=0$ から十分に時間が経過しました．このとき回路に流れる電流 I_m を求めなさい．

◆解答▶

(2) ⑤式において，$t \to \infty$ とする極限を考えればよいから，

$$I_m = \lim_{t \to \infty} \frac{E}{R}\left(1 - e^{-\frac{R}{L}t}\right)$$

$$= \frac{E}{R} \quad \text{答}$$

▶(3) 時刻 $t=0$ から十分に時間が経過したあと，時刻 $t=t_0$ でスイッチを 2 に切り替えます．$t=t_0$ の瞬間はコイルに生じる自己誘導起電力のため回路に流れる電流 I は，直前の電流 I_m になります．このあとの時刻 t ($t \geq t_0$) に対する電流 I の変化を表す式を求めなさい．

◆解答▶

(3) 図 3 の閉回路に対して，改めて回路の方程式を立てると

図3

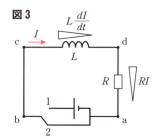

$$-L\frac{dI}{dt} - RI = 0$$

$$\frac{dI}{dt} = -\frac{R}{L}I \quad \cdots ⑥$$

変数分離をして

$$\int \frac{1}{I}dI = -\int \frac{R}{L}dt$$

$$\log|I| = -\frac{R}{L}t + C_2 \quad (C_2 \text{ は積分定数})$$

$$I = \pm e^{-\frac{R}{L}t + C_2}$$
$$= \pm e^{C_2} \cdot e^{-\frac{R}{L}t}$$

改めて，$\pm e^{C_2} = C'$ とおくと

$$I = C'e^{-\frac{R}{L}t}$$

ここで，$t = t_0$ のとき $I = I_m = \dfrac{E}{R}$ だから

$$\frac{E}{R} = C'e^{-\frac{R}{L}t_0}$$

$$\therefore \quad C' = \frac{E}{R}e^{\frac{R}{L}t_0}$$

したがって

$$I = \frac{E}{R}e^{\frac{R}{L}t_0} \cdot e^{-\frac{R}{L}t}$$

$$\therefore \quad I = \frac{E}{R}e^{-\frac{R}{L}(t-t_0)} \quad \cdots ⑦ \quad \boxed{答}$$

$I = \dfrac{E}{R}e^{-\frac{R}{L}(t-t_0)}$ を I-t グラフにすると，以下の実線のようになります．

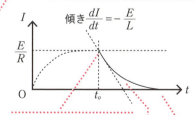

傾き $\dfrac{dI}{dt} = -\dfrac{E}{L}$

$t = t_0$ のとき $I = \dfrac{E}{R}$ だから⑥式より

$$\frac{dI}{dt} = -\frac{R}{L} \cdot \frac{E}{R} = -\frac{E}{L}$$

となり，$t = t_0$ のとき I-t グラフの傾きは $-\dfrac{E}{L}$ となります．

⑥式より I が 0 に近づくと $\dfrac{dI}{dt}$，すなわち I-t グラフの傾きも 0 に近づいてきます．

十分に時間が経過（$t \to \infty$）すると，⑦式より

$$\lim_{t \to \infty} \frac{E}{R}e^{-\frac{R}{L}(t-t_0)} = 0$$

となり，回路に流れる電流 I は 0 になります．

講義 30 電気振動

前回の講義では，コイルによる過渡的な現象について考えましたが，今回はコンデンサーによる過渡的な現象と，コイルとコンデンサーを組み合わせた振動回路について学習していきます．

≫ コンデンサーによる過渡的な現象について考えよう！

課題 1　図1のように，起電力 E の電池，電気容量 C のコンデンサー，抵抗値 R の抵抗をスイッチを介して接続します．スイッチを入れる前，コンデンサーには電荷がたくわえられていませんでした．スイッチを1に入れると回路に電流 I が流れますが，I は時間の経過とともに変化していきます．I は図1中の矢印の向きを正とし，コンデンサーの左の極板にたくわえられる電気量を Q とします．

(1) 時刻 $t=0$ のときスイッチを1に入れ，そのあと十分に時間が経過するまでの間の時刻 t に対する電流 I の変化を表す式を求めなさい．

図1

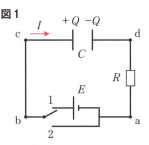

図2

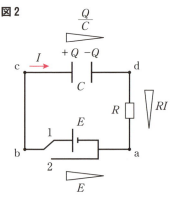

◀ 解答 ▶

微積物理

(1) 図2の回路を a→b→c→d→a の順にたどり，電位の上昇と下降を見ていきます．まず，a→b とたどると電池の起電力 E の分だけ電位が上昇します．次に c→d とたどると左右の極板にたくわえられた $\pm Q$ の電荷により電位が $\dfrac{Q}{C}$ だけ下降します．最後に d→a とたどると抵抗

> $Q=CV$ の関係より
> $V=\dfrac{Q}{C}$

の電圧降下により RI だけ電位が下降します．これで閉回路を一周たどってきたので，電位は元に戻り電位差は 0 になります．上記の関係を回路の方程式で書くと，

$$\boxed{\text{(a)}}$$

ここで，$I = \dfrac{dQ}{dt}$ を用いると，

$$E - \frac{Q}{C} - R\frac{dQ}{dt} = 0$$

$$R\frac{dQ}{dt} = -\frac{1}{C}(Q - CE)$$

$$\frac{dQ}{dt} = -\frac{1}{RC}(Q - CE)$$

> 図 2 において，矢印の向きの電流 I は，コンデンサーの左の極板にある電気量 Q の時間変化によって表されるので
> $$I = \frac{dQ}{dt}$$
> となります．

ここで，変数分離をします．

$$\boxed{\text{(b)}}$$

$$\log|Q - CE| = -\frac{1}{RC}t + A_1 \quad (A_1 \text{ は積分定数})$$

$$Q - CE = \pm e^{-\frac{1}{RC}t + A_1}$$

$$= \pm e^{A_1} \cdot e^{-\frac{1}{RC}t}$$

> 電気容量が C なので，積分定数は A と表します．

改めて，$\pm e^{A_1} = A$ とおくと

$$Q - CE = Ae^{-\frac{1}{RC}t} \quad \cdots \text{①}$$

ここで，$t=0$ のとき $Q=0$ だから，①式より

$$A = \boxed{\text{(c)}}$$

> $t=0$ はスイッチを 1 に入れた瞬間なので，コンデンサーはまだ充電されていません．

となるから，A の値を①式に代入して，

$$Q - CE = -CEe^{-\frac{1}{RC}t}$$

$$Q = CE\left(1 - e^{-\frac{1}{RC}t}\right) \quad \cdots \text{②}$$

(a) $E - \dfrac{Q}{C} - RI = 0$　　(b) $\displaystyle\int \frac{1}{Q-CE}dQ = -\int \frac{1}{RC}dt$　　(c) $-CE$

最後に，両辺を t で微分すれば回路に流れる電流 I の式が求まります．

$$I = \frac{dQ}{dt} = -CEe^{-\frac{1}{RC}t} \cdot \left(-\frac{1}{RC}\right)$$

$$\therefore \quad I = \frac{E}{R}e^{-\frac{1}{RC}t} \quad \cdots ③ \quad \boxed{答}$$

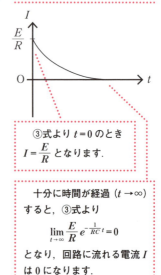

$I = \frac{E}{R}e^{-\frac{1}{RC}t}$ を I-t グラフにすると以下のようになります．

③式より $t=0$ のとき $I = \frac{E}{R}$ となります．

十分に時間が経過 ($t \to \infty$) すると，③式より
$$\lim_{t \to \infty} \frac{E}{R}e^{-\frac{1}{RC}t} = 0$$
となり，回路に流れる電流 I は 0 になります．

---

(2) 時刻 $t=0$ から十分時間が経過したあと，時刻 $t=t_0$ でスイッチを 2 に切り替えました．このあとの時刻 t ($t \geq t_0$) に対する電流 I の変化を表す式を求めなさい．

◀解答▶

(1) 図 3 の回路に対して，改めて回路の方程式を立てると，

$$-\frac{Q}{C} - RI = 0$$

ここで，$I = \boxed{\text{(d)}}$ を用いると，

$$-\frac{Q}{C} - R\frac{dQ}{dt} = 0$$

図3

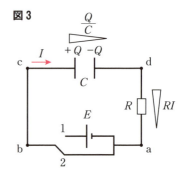

(d) $\frac{dQ}{dt}$

$$R\frac{dQ}{dt} = -\frac{Q}{C}$$

ここで，変数分離をします．

> (e)

$$\log|Q| = -\frac{1}{RC}t + A_2 \quad (A_2\text{ は積分定数})$$

$$Q = \pm e^{-\frac{1}{RC}t + A_2}$$

$$= \pm e^{A_2} \cdot e^{-\frac{1}{RC}t}$$

改めて，$\pm e^{A_2} = A$ とおくと

$$Q = Ae^{-\frac{1}{RC}t}$$

ここで，$t = t_0$ のとき $Q = CE$ だから，

$$CE = Ae^{-\frac{1}{RC}t_0}$$

$$\therefore \quad A = CEe^{\frac{1}{RC}t_0}$$

したがって，

$$Q = CEe^{\frac{1}{RC}t_0} \cdot e^{-\frac{1}{RC}t}$$

$$\therefore \quad Q = CEe^{-\frac{1}{RC}(t-t_0)}$$

最後に，両辺を t で微分すれば I の式が求まります．

$$I = \frac{dQ}{dt} = CEe^{-\frac{1}{RC}(t-t_0)} \cdot \left(-\frac{1}{RC}\right)$$

$$\therefore \quad I = -\frac{E}{R}e^{-\frac{1}{RC}(t-t_0)} \quad \cdots ④ \quad \boxed{答}$$

> $t = t_0$ のときコンデンサーの充電が完了しているので $Q = CE$ となっています．また，②式を用いて十分に時間が経過 $(t \to \infty)$ しているとして，
> $$\lim_{t \to \infty} CE(1 - e^{-\frac{1}{RC}t}) = CE$$
> としても，$Q = CE$ を求めることもできます．

> $I = -\frac{E}{R}e^{-\frac{1}{RC}(t-t_0)}$ を I-t グラフにすると，以下実線のようになります．

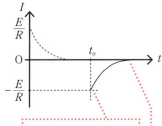

> ④式より $t = t_0$ のとき $I = -\frac{E}{R}$ となります．

> 十分に時間が経過 $(t \to \infty)$ すると，④式より
> $$\lim_{t \to \infty}\left\{-\frac{E}{R}e^{-\frac{1}{RC}(t-t_0)}\right\} = 0$$
> となり，回路に流れる電流 I は 0 になります．

(e) $\int \frac{1}{Q} dQ = -\int \frac{1}{RC} dt$

>>> 電気振動について考えよう！

図1のように，充電されたコンデンサーとコイルがスイッチを介して接続されています．スイッチを閉じると，コンデンサーに蓄えられていた電荷が放電され，回路には一定の周期で向きが変わる電流（**振動電流**）が流れます．この現象を**電気振動**といいます．

図1

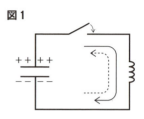

課題2 力学系（M系）と電気回路系（E系）には，同じ形の方程式で記述されるものがあり，それぞれの物理量の間には対応関係が成立します．

図2

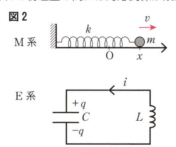

図2のような，ばね定数 k のばねと質量 m の小球でできたばね振り子（M系）と電気容量 C のコンデンサーと自己インダクタンス L のコイルでできたLC回路（E系）で考えてみましょう．

M系では，小球のつりあいの位置を原点Oとして，右向きを正とする小球の位置座標 x と速度 v が変数となります．摩擦は無視できるものとします．

E系では，コンデンサーの上の極板の電気量 q と矢印の向きを正とする電流 i が変数となります．コイルの直流抵抗は無視できるものとします．

(1) M系の運動方程式とE系の回路の方程式を書き，M系の物理量 m, k, x, v が，E系のそれぞれどの物理量に対応しているかを答えなさい．

◀**解答**▶

(1) M系の運動方程式

$$m\frac{dv}{dt} = -kx \quad \cdots \text{⑤} \quad \boxed{答}$$

150

v と x の関係は

$$v = \frac{dx}{dt} \quad \cdots ⑥$$

E 系の回路の方程式

$$\frac{q}{C} + L\frac{di}{dt} = 0$$

$$L\frac{di}{dt} = -\frac{1}{C}q \quad \cdots ⑦ \quad \text{答}$$

i と q の関係は

$$i = \frac{dq}{dt} \quad \cdots ⑧$$

したがって，M 系と E 系の対応関係は，⑤と⑦，⑥と⑧を比較して

$$m \leftrightarrow L, \quad k \leftrightarrow \frac{1}{C}$$

$$x \leftrightarrow q, \quad v \leftrightarrow i \quad \text{答}$$

図 3

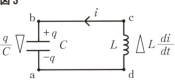

図 3 の矢印の向きに電流 i が増加 $\left(\dfrac{di}{dt} > 0\right)$ している場合を考えます．コイルには d 側が $L\dfrac{di}{dt}$ だけ高電位となるように自己誘導起電力が生じます．したがって，LC 回路を a → b → c → d の順にめぐり電位の上昇・下降を考えると，

$$\frac{q}{C} + L\frac{di}{dt} = 0$$

となります．

---

(2) ばね振り子（M 系）の周期 T_M が $T_M = 2\pi\sqrt{\dfrac{m}{k}}$ であることを用いて，LC 回路（E 系）の周期 T_E と周波数 f を求めなさい．

◀**解答**▶

(2) $m \leftrightarrow L, \; k \leftrightarrow \dfrac{1}{C}$ の対応を考えて，

$$T_E = 2\pi\sqrt{LC} \quad \text{答}$$

また，周波数（振動数）f は周期 T_E を用いて表すと，$f = \dfrac{1}{T_E}$ だから

$$f = \frac{1}{T_E} = \frac{1}{2\pi\sqrt{LC}} \quad \text{答}$$

電気振動の周波数 f を LC 回路の固有周波数といいます．

電気振動の固有周波数

$$f = \frac{1}{2\pi\sqrt{LC}}$$

(3) M系の運動方程式とE系の回路の方程式をエネルギー積分して，M系，E系それぞれのエネルギーの関係式を導きなさい．

◀解答▶

(3) M系の運動方程式は，

$$m\frac{dv}{dt} = -kx$$

エネルギー積分すると，

> (f)

$$\int mv\,dv = -\int kx\,dx$$

$$\frac{1}{2}mv^2 = -\frac{1}{2}kx^2 + C \quad (C は積分定数)$$

$$\therefore \quad \frac{1}{2}mv^2 + \frac{1}{2}kx^2 = 一定 \quad \boxed{答}$$

> エネルギー積分について復習をしておきます．
> 『運動方程式 $m\dfrac{dv}{dt}=F$ の両辺に $v=\dfrac{dx}{dt}$ をかけてから両辺を t で積分する』計算方法をエネルギー積分といいます．

> M系におけるエネルギー保存則を表しています．

次に，E系の回路の方程式は，

$$L\frac{di}{dt} = -\frac{1}{C}q$$

エネルギー積分すると，

> (g)

$$\int L i\,di = -\int \frac{1}{C} q\,dq$$

$$\frac{1}{2}Li^2 = -\frac{1}{C}\cdot\frac{q^2}{2} + A \quad (A は積分定数)$$

$$\therefore \quad \frac{1}{2}Li^2 + \frac{q^2}{2C} = 一定 \quad \boxed{答}$$

> $L\dfrac{di}{dt}=-\dfrac{1}{C}q$ の両辺に $i=\dfrac{dq}{dt}$ をかけてから両辺を t で積分します．

> E系におけるエネルギー保存則を表しています．$\dfrac{q^2}{2C}$ はコンデンサーに蓄えられるエネルギーなので，$\dfrac{1}{2}Li^2$ はコイルに蓄えられるエネルギーを表しています．

コイルに蓄えられるエネルギー

$$U = \frac{1}{2}LI^2$$

(f) $\displaystyle \int mv\frac{dv}{dt}dt = -\int kx\frac{dx}{dt}dt$ (g) $\displaystyle \int Li\frac{di}{dt}dt = -\int \frac{1}{C}q\frac{dq}{dt}dt$

講義 31
交 流

講義 28 電磁誘導の法則の練習問題で，磁場の中でコイルを回転させると，コイルには周期的に向きが変化する電圧が生じることを学びました（p.138）．このような電圧を交流電圧といいます．今回の講義では，交流電圧を抵抗，コイル，コンデンサーに加えたとき，流れる電流（交流電流）について学習します．

≫ 抵抗に交流電圧を加えてみよう！

図1のように交流電圧

$$V = V_0 \sin \omega t \quad \cdots \text{①}$$

（V_0：交流電圧の最大値，ω：角周波数，t：時刻）

を抵抗値 R の抵抗に加えたとき，流れる電流を I とします．ただし，V は a が b よりも高電位である場合を正とし，I は矢印の向きを正とします．

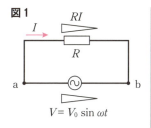

図1

各瞬間，すなわちどの時刻 t においてもオームの法則 $V = RI$（V, I は変数）が成り立っているので，

$$I = \frac{V}{R}$$

①式を代入すると

$$I = \frac{V_0}{R} \sin \omega t$$

ここで，$I_0 = \frac{V_0}{R}$ とおくと

$$I = I_0 \sin \omega t \quad \cdots \text{②}$$

と表すことができます．I_0 は交流電流の最大値です．①式と②式を比べると，電圧 V が最大のとき電流 I

> $I = I_0 \sin \omega t$（②式）において，$-1 \leq \sin \omega t \leq 1$ なので，$\sin \omega t = 1$ のとき I は最大値 I_0 になります．

も最大になり，電圧 V が最小のとき電流 I も最小となっていることがわかります．このように，**電圧と電流の時間的な変化のしかたが同じになることを，電圧と電流は同位相である**といいます．

▶▶▶ 実効値とは何だろうか？

　家庭用コンセントの電圧は，交流 100 V です．しかし，交流電圧は①式のように時間的に変化するはずなので，一体交流電圧の何が 100 V なのでしょうか．

　実は交流 100 V とは，交流 100 V で点灯させた電球の明るさ（平均消費電力）と直流 100 V で点灯させた電球の明るさが同じになるように交流電圧を定めたものなのです．この表し方を交流電圧の**実効値**と呼んでいます．一般に，**ある抵抗に交流電圧を加えたときの電力の時間平均（平均消費電力）が，同じ抵抗に直流電圧を加えたときの電力と等しくなるとき，この直流電圧，直流電流の値を，交流電圧，交流電流の実効値**といいます．

　家庭用コンセントの 100 V は，交流電圧の実効値が 100 V ということです．

　次に，実効値を式で表してみましょう．前ページと同じように，抵抗値 R の抵抗に交流電圧 $V = V_0 \sin \omega t$（①式）を加えた場合，抵抗で消費される電力の時間平均 $\overline{P}$ は，次のように表されます．

$$\overline{P} = \frac{\overline{V^2}}{R}$$

①式を代入すると，

$$\overline{P} = \frac{\overline{(V_0 \sin \omega t)^2}}{R}$$

$$= \frac{V_0^2}{R} \overline{\sin^2 \omega t}$$

$$= \frac{V_0^2}{R} \cdot \overline{\frac{1 - \cos 2\omega t}{2}}$$

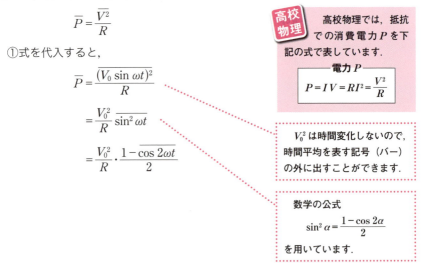

高校物理では，抵抗での消費電力 P を下記の式で表しています．

電力 P
$$P = IV = RI^2 = \frac{V^2}{R}$$

V_0^2 は時間変化しないので，時間平均を表す記号（バー）の外に出すことができます．

数学の公式
$$\sin^2 \alpha = \frac{1 - \cos 2\alpha}{2}$$
を用いています．

ここで，$\cos 2\omega t$ の時間平均は，図2より0となるので，

$$\overline{P} = \frac{V_0^2}{2R} \quad \cdots \text{③}$$

となります．③式と消費電力が同じ値になる直流電圧を考えて，これを V_e とすると

$$\frac{V_0^2}{2R} = \frac{V_e^2}{R}$$

図2

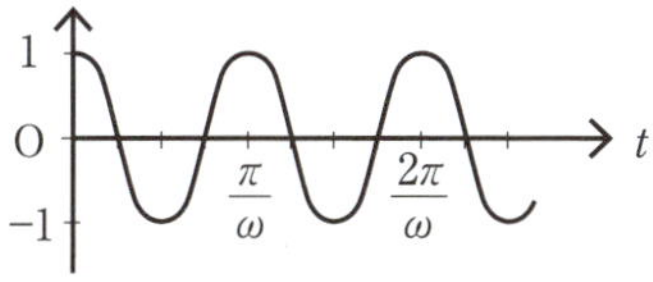

$\cos 2\omega t$ は0をはさんで -1 から $+1$ まで均等に分布しているので時間平均は0になります．

と表されるので，

$$V_e = \frac{V_0}{\sqrt{2}} \quad \cdots \text{④}$$

となります．V_e が交流電圧の実効値です．

次に，上と同じ抵抗に交流電流 $I = I_0 \sin \omega t$（②式）を流した場合，抵抗で消費される電力の時間平均 $\overline{P}$ は，次のように表されます．

$$\overline{P} = \overline{RI^2}$$

②式を代入すると，

$$\overline{P} = RI_0^2 \,\overline{\sin^2 \omega t}$$
$$= RI_0^2 \,\overline{\frac{1 - \cos 2\omega t}{2}}$$
$$= \frac{RI_0^2}{2} \quad \cdots \text{⑤}$$

となります．⑤式と消費電力が同じ値になる直流電流を考えて，これを I_e とすると

$$\frac{RI_0^2}{2} = RI_e^2$$

と表されるので

$$I_e = \frac{I_0}{\sqrt{2}} \quad \cdots \text{⑥}$$

となります．I_e が交流電流の実効値です．④，⑥式より，**交流電圧，交流電流の実効値と最大値の間には，次の関係が成り立つことがわかります**．

$$\boxed{\text{実効値} = \frac{\text{最大値}}{\sqrt{2}}}$$

▶▶▶ コイルに交流電圧を加えてみよう！

課題 図3のように交流電圧 V

$$V = V_0 \sin \omega t \quad \cdots \text{⑦}$$

を自己インダクタンス L のコイルに加えたとき，回路に流れる電流 I を式で表し，電流 I と電圧 V の間の位相の関係を答えなさい．また，コイルのリアクタンスを求めなさい．ただし，V は a が b よりも高電位である場合を正とし，I は矢印の向きを正とします．

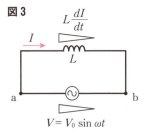

図3

▶解答◀

図3の回路の方程式は，

(a)

⑦式を代入すると，

$$V_0 \sin \omega t - L\frac{dI}{dt} = 0$$

$$\frac{dI}{dt} = \frac{V_0}{L} \sin \omega t$$

両辺を t で積分すると

$$I = -\frac{V_0}{\omega L} \cos \omega t \quad \boxed{答}$$

また，電流 I と電圧 V の位相の関係は，

$$I = \frac{V_0}{\omega L} \sin\left(\omega t - \frac{\pi}{2}\right) \quad \cdots \text{⑧}$$

と変形し，⑧式と⑦式を比べると，交流電流 I は交流電圧 V よりも **位相が $\frac{\pi}{2}$ 遅れている** ことがわかります．さらに，電流 I の最大値を I_0 と表すと⑧式より

> 数学的には右辺に積分定数が付きますが，これは物理的には回路に一定の電流が流れることを意味します．しかし，実際にはこの電流は回路内の導線の抵抗によりすぐに減衰してしまうので，交流回路では考える必要はありません．

(a) $V - L\dfrac{dI}{dt} = 0$

$$I_0 = \frac{V_0}{\omega L}$$

となるから，

$$V_0 = \omega L I_0$$
$$V_e = \omega L I_e$$

> $\frac{V_0}{\sqrt{2}} = \omega L \frac{I_0}{\sqrt{2}}$ だから
>
> $$V_e = \omega L I_e$$
>
> が成り立ちます．

したがって，**コイルのリアクタンス**は

$$\frac{V_e}{I_e} = \omega L \quad \boxed{答}$$

> $\frac{V_e}{I_e} = \omega L$ は交流に対する一種の抵抗を表しており，これを**コイルのリアクタンス**といいます．

と求めることができます．

≫ コンデンサーに交流電圧を加えてみよう！

練習問題

図4のように交流電圧

$$V = V_0 \sin \omega t \quad \cdots ⑨$$

を電気容量 C のコンデンサーに加えたとき，回路に流れる電流 I を式で表し，電流 I と電圧 V の間の位相の関係を答えなさい．また，コンデンサーのリアクタンスを求めなさい．ただし，コンデンサーの左の極板に蓄えられている電気量を Q とし，V は a が b よりも高電位である場合を正とし，I は矢印の向きを正とします．

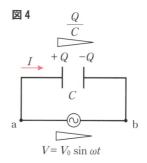

図4

$$V = V_0 \sin \omega t$$

◀解答▶

図4の回路の方程式は

$$\text{(b)}$$

⑨式を代入すると

(b) $V - \dfrac{Q}{C} = 0$

$$V_0 \sin \omega t - \frac{Q}{C} = 0$$

両辺を t で微分すると

$$\boxed{\text{(c)}}$$

ここで，$\dfrac{dQ}{dt} = \boxed{\text{(d)}}$ だから

$$\omega V_0 \cos \omega t - \frac{1}{C} I = 0$$

$$I = \omega C V_0 \cos \omega t \quad \text{答}$$

また，電流 I と電圧 V の位相の関係は，

$$I = \omega C V_0 \sin \left(\omega t + \frac{\pi}{2} \right) \quad \cdots \text{⑩}$$

と変形し，⑩式と⑨式を比べると，交流電流 I は交流電圧 V よりも**位相が $\dfrac{\pi}{2}$ 進んでいる**ことがわかります．さらに，電流 I の最大値を I_0 と表すと⑩式より 答

$$I_0 = \omega C V_0$$

となるから

$$V_0 = \frac{1}{\omega C} I_0$$

$$V_e = \frac{1}{\omega C} I_e$$

> $V_0 = \dfrac{1}{\omega C} I_0$ だから
> $\dfrac{V_0}{\sqrt{2}} = \dfrac{1}{\omega C} \cdot \dfrac{I_0}{\sqrt{2}}$
> $V_e = \dfrac{1}{\omega C} I_e$

したがって，**コンデンサーのリアクタンス**は

$$\frac{V_e}{I_e} = \boxed{\text{(e)}} \quad \text{答}$$

と求めることができます．

(c) $\omega V_0 \cos \omega t - \dfrac{1}{C} \cdot \dfrac{dQ}{dt} = 0$ (d) I (e) $\dfrac{1}{\omega C}$

講義 32 交流回路

今回の講義では，抵抗，コイル，コンデンサーを直列や並列に接続した回路をつくり，回路に交流電圧を加えたときに流れる電流について考察します．

》》 RLC 直列回路に交流電圧を加えてみよう！

課題 図1のように，抵抗値 R の抵抗，自己インダクタンス L のコイルおよび電気容量 C のコンデンサーを直列に接続します．a が b よりも高電位である場合を正として交流電圧 V

$$V = V_0 \sin \omega t \quad \cdots \text{①}$$

を加えます．

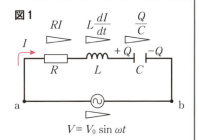

図1

(1) 回路に流れる電流 I を式で表しなさい．ただし，I は矢印の向きを正とし，コンデンサーの左の極板に蓄えられている電気量を Q とします．

◀ **解答** ▶

(1) 図1の回路の方程式は，

(a)

①式を代入すると

$$V_0 \sin \omega t - RI - L \frac{dI}{dt} - \frac{Q}{C} = 0 \quad \cdots \text{②}$$

ここで，抵抗，コイル，コンデンサーは直列接続なので，どこでも共通の電流が流れます．この電流 I を

$$I = I_0 \sin(\omega t + \phi) \quad \cdots \text{③}$$

> 角周波数は電圧と同じはずなので ω とし，電流の最大値と位相のずれは不明なので，それぞれ I_0, ϕ とおきます．

(a) $V - RI - L\dfrac{dI}{dt} - \dfrac{Q}{C} = 0$

とおき，③式の両辺をtで微分すると，

$$\frac{dI}{dt} = \boxed{\text{(b)}} \quad \cdots ④$$

となります．また，③式はQを用いて

$$I = \frac{dQ}{dt} = I_0 \sin(\omega t + \phi)$$

と表されるので，この式をtで積分すると，

$$Q = -\frac{I_0}{\omega} \cos(\omega t + \phi) \quad \cdots ⑤$$

> 数学的には右辺に積分定数が付きますが，これは物理的にはコンデンサーに一定の電荷が蓄えられていることを意味します．しかし，実際にはすぐに放電されてなくなってしまうため，交流回路では考える必要はありません．

となります．そして，③，④，⑤式を②式に代入すると，

$$V_0 \sin \omega t - RI_0 \sin(\omega t + \phi)$$
$$- \omega L I_0 \cos(\omega t + \phi) + \frac{I_0}{\omega C} \cos(\omega t + \phi) = 0$$

$$V_0 \sin \omega t = RI_0 \sin(\omega t + \phi)$$
$$+ \left(\omega L - \frac{1}{\omega C}\right) I_0 \cos(\omega t + \phi)$$

ここで，三角関数の合成公式を用いて右辺を整理すると，

$$V_0 \sin \omega t = \sqrt{R^2 + \left(\omega L - \frac{1}{\omega C}\right)^2} \, I_0$$
$$\times \sin(\omega t + \phi + \alpha)$$

> **三角関数の合成公式**
> $$a \sin \theta + b \cos \theta = \sqrt{a^2 + b^2} \sin(\theta + \alpha)$$
> ただし，
> $$\tan \alpha = \frac{b}{a}$$

ただし，$\tan \alpha = \dfrac{\omega L - \dfrac{1}{\omega C}}{R} \quad \cdots ⑥$

ここで，両辺を比べると

> sinの係数と位相がそれぞれ等しくならなければなりません．

$$\begin{cases} V_0 = \sqrt{R^2 + \left(\omega L - \dfrac{1}{\omega C}\right)^2} \, I_0 \\ \therefore \ I_0 = \dfrac{V_0}{\sqrt{R^2 + \left(\omega L - \dfrac{1}{\omega C}\right)^2}} \quad \cdots ⑦ \\ \phi + \alpha = 0 \quad \therefore \ \phi = -\alpha \quad \cdots ⑧ \end{cases}$$

(b) $\omega I_0 \cos(\omega t + \phi)$

⑦, ⑧式を③式に代入して，回路に流れる電流 I を求めると，

$$I = \frac{V_0}{\sqrt{R^2 + \left(\omega L - \frac{1}{\omega C}\right)^2}} \sin(\omega t - \alpha) \quad \cdots ⑨ \quad \text{答}$$

ただし，

$$\tan \alpha = \frac{\omega L - \frac{1}{\omega C}}{R}$$

となります．

(2) 回路のインピーダンスを求めなさい．

◀解答▶

(2) ⑦式より

$$\frac{V_0}{I_0} = \sqrt{R^2 + \left(\omega L - \frac{1}{\omega C}\right)^2}$$

したがって，**回路のインピーダンス Z は**

$$Z = \frac{V_e}{I_e} = \frac{V_0}{I_0}$$

$$= \sqrt{R^2 + \left(\omega L - \frac{1}{\omega C}\right)^2} \quad \text{答}$$

インピーダンス Z は，回路全体の一種の抵抗を表しています．

RLC 直列回路のインピーダンス

$$Z = \sqrt{R^2 + \left(\omega L - \frac{1}{\omega C}\right)^2}$$

(3) 電流 I と電圧 V の間の位相の関係を求めなさい．

◀解答▶

(3) ⑨式と①式を比べると，交流電流 I は交流電圧 V よりも位相が **α だけ遅れている**ことがわかります．
答

⑥式より，$\alpha < 0$ すなわち $\omega L < \frac{1}{\omega C}$ のとき，実際には I は V よりも位相が進んでいることになります．

▶▶▶ RLC 並列回路に交流電圧を加えてみよう！

練習問題

図2のように，抵抗値 R の抵抗，自己インダクタンス L のコイルおよび電気容量 C のコンデンサーを並列に接続します．a が b よりも高電位である場合を正として交流電圧 V

$$V = V_0 \sin \omega t \quad \cdots \text{⑩}$$

を加えます．

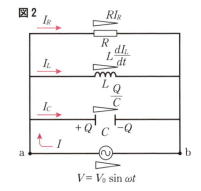

図2

▶ (1) 抵抗，コイル，コンデンサーに流れる電流 I_R，I_L，I_C をそれぞれ求めなさい．ただし，それぞれの電流は矢印の向きを正とし，コンデンサーの左の極板に蓄えられている電気量を Q とします．

◀**解答**▶

(1) 抵抗，コイル，コンデンサーは並列接続なので，どれに対しても同じ交流電圧 $V = V_0 \sin \omega t$（⑩式）が直接かかっています．したがって，抵抗に対する回路の方程式は，

$$\text{(c)}$$

⑩式を代入すると

$$V_0 \sin \omega t - R I_R = 0$$

$$I_R = \frac{V_0}{R} \sin \omega t \quad \boxed{答}$$

同様にして，コイルに対する回路の方程式は，

$$\text{(d)}$$

⑩式を代入すると

(c) $V - R I_R = 0$　　(d) $V - L \dfrac{dI_L}{dt} = 0$

$$V_0 \sin \omega t - L \frac{dI_L}{dt} = 0$$

$$\frac{dI_L}{dt} = \frac{V_0}{L} \sin \omega t$$

両辺を t で積分すると

> p.156 と同様に，ここでも積分定数は不要です．

$$I_L = -\frac{V_0}{\omega L} \cos \omega t \quad \boxed{答}$$

最後に，コンデンサーに対する回路の方程式は

$$\text{(e)}$$

⑩式を代入すると

$$V_0 \sin \omega t - \frac{Q}{C} = 0$$

両辺を t で微分すると

$$\text{(f)}$$

ここで，$\frac{dQ}{dt} = I_C$ だから

$$\omega V_0 \cos \omega t - \frac{1}{C} I_C = 0$$

$$I_C = \omega C V_0 \cos \omega t \quad \boxed{答}$$

▶▶ (2) 回路全体を流れる電流 I を求めなさい．ただし，I は矢印の向きを正とします．

◀解答▶

(2) $I = I_R + I_L + I_C$ だから

$$I = \frac{V_0}{R} \sin \omega t - \frac{V_0}{\omega L} \cos \omega t + \omega C V_0 \cos \omega t$$

$$= \frac{V_0}{R} \sin \omega t + \left(\omega C - \frac{1}{\omega L}\right) V_0 \cos \omega t$$

ここで，三角関数の合成公式を用いて右辺を整理すると，

(e) $V - \dfrac{Q}{C} = 0$　　(f) $\omega V_0 \cos \omega t - \dfrac{1}{C} \dfrac{dQ}{dt} = 0$

$$I = \sqrt{\left(\frac{1}{R}\right)^2 + \left(\omega C - \frac{1}{\omega L}\right)^2}\, V_0 \sin(\omega t + \alpha) \quad \cdots \text{⑪} \quad \text{答}$$

となります．ただし，$\tan \alpha = R\left(\omega C - \dfrac{1}{\omega L}\right)$

▶ (3) 回路のインピーダンスを求めなさい．

◀解答▶

(3) ⑪式において，回路全体を流れる電流 I の最大値 I_0 は，

$$I_0 = \sqrt{\left(\frac{1}{R}\right)^2 + \left(\omega C - \frac{1}{\omega L}\right)^2}\, V_0 \text{ となるので,}$$

$$\frac{V_0}{I_0} = \frac{1}{\sqrt{\left(\dfrac{1}{R}\right)^2 + \left(\omega C - \dfrac{1}{\omega L}\right)^2}}$$

したがって，回路のインピーダンス Z は，

$$Z = \frac{V_e}{I_e} = \frac{V_0}{I_0} = \frac{1}{\sqrt{\left(\dfrac{1}{R}\right)^2 + \left(\omega C - \dfrac{1}{\omega L}\right)^2}} \quad \text{答}$$

▶ (4) 電流 I と電圧 V の間の位相の関係を求めなさい．

◀解答▶

(4) ⑪式と⑩式を比べると，回路全体に流れる交流電流 I は，交流電圧 V よりも位相が **α だけ進んでいる**ことがわかります．

答

電流と磁場のまとめ

●磁場中を運動する荷電粒子が受ける力

$$\text{ローレンツ力} \quad \boldsymbol{f} = q\boldsymbol{v} \times \boldsymbol{B}$$

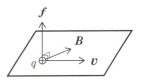

●ビオ・サバールの法則

$$\Delta \boldsymbol{B} = \frac{\mu_0}{4\pi} \cdot \frac{\boldsymbol{I} \times \boldsymbol{r}}{r^3} \cdot \Delta l$$

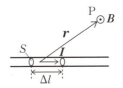

例）円電流がその中心につくる磁場

$$\Delta B = \frac{\mu_0}{4\pi} \cdot \frac{Ia \sin \frac{\pi}{2}}{a^3} \cdot \Delta l$$

$$= \frac{\mu_0 I}{4\pi a^2} \cdot \Delta l$$

$$B = \int_{\text{円電流全体}} \frac{\mu_0 I}{4\pi a^2} \, dl$$

$$= \frac{\mu_0 I}{4\pi a^2} \cdot 2\pi a$$

$$= \frac{\mu_0 I}{2a}$$

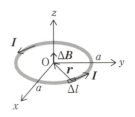

●アンペールの法則

$$\oint_C \boldsymbol{B} \cdot d\boldsymbol{l} = \mu_0 I$$

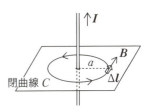

例）直線電流のまわりの磁場

$\boldsymbol{B}$ と $\Delta \boldsymbol{l}$ はつねに同じ向き（$\theta = 0$）なので，

$\boldsymbol{B} \cdot \Delta \boldsymbol{l} = B\Delta l \cos 0 = B\Delta l$

したがって，左辺はスカラーの式で表すことができる．

$$\text{左辺} = \oint_C \boldsymbol{B} \cdot d\boldsymbol{l} = \oint_C B \, dl = B \cdot 2\pi a$$

$$\text{右辺} = \mu_0 I$$

$$B \cdot 2\pi a = \mu_0 I \quad \therefore \quad B = \frac{\mu_0 I}{2\pi a}$$

● 電磁誘導の法則

$$V = -N\frac{d\Phi}{dt}$$

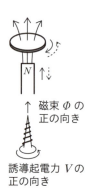

↑ 磁束 Φ の正の向き

↓ 誘導起電力 V の正の向き

● 自己誘導

自己誘導起電力
$$V = -L\frac{dI}{dt}$$

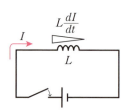

● 電気振動

回路の方程式

$$\frac{Q}{C} + L\frac{dI}{dt} = 0$$

$$L\frac{dI}{dt} = -\frac{1}{C}Q$$

エネルギー積分すると、

$$\int LI\frac{dI}{dt}dt = -\frac{1}{C}\int Q\frac{dQ}{dt}dt$$

$$\int LI\,dI = -\frac{1}{C}\int Q\,dQ$$

$$\frac{1}{2}LI^2 = -\frac{1}{C}\cdot\frac{1}{2}Q^2 + A \quad (A:積分定数)$$

LC 回路のエネルギー保存則
$$\frac{1}{2}LI^2 + \frac{Q^2}{2C} = (一定)$$

● 交流回路

例）RLC 並列回路に流れる電流

・ $V_0 \sin \omega t - RI_R = 0$ （抵抗に対する回路の方程式）

$$\therefore I_R = \frac{V_0}{R} \sin \omega t$$

・ $V_0 \sin \omega t - L\dfrac{dI_L}{dt} = 0$ （コイルに対する
　　　　　　　　　　　　　　　回路の方程式）

$$\frac{dI_L}{dt} = \frac{V_0}{L} \sin \omega t$$

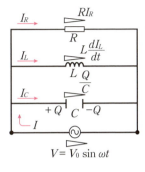

両辺を t で積分すると，積分定数は不要なので

$$I_L = -\frac{V_0}{\omega L} \cos \omega t$$

・ $V_0 \sin \omega t - \dfrac{Q}{C} = 0$ （コンデンサーに対する回路の方程式）

両辺を t で微分すると

$$\omega V_0 \cos \omega t - \frac{1}{C} \cdot \frac{dQ}{dt} = 0$$

ここで，$\dfrac{dQ}{dt} = I_C$ だから

$$\omega V_0 \cos \omega t - \frac{1}{C} \cdot I_C = 0$$

$$\therefore I_C = \omega C V_0 \cos \omega t$$

したがって，回路全体に流れる電流 I は，

$$I = I_R + I_L + I_C$$
$$= \frac{V_0}{R} \sin \omega t + \left(\omega C - \frac{1}{\omega L}\right) V_0 \cos \omega t$$

三角関数の合成公式を用いて整理すると

$$I = \sqrt{\left(\frac{1}{R}\right)^2 + \left(\omega C - \frac{1}{\omega L}\right)^2} \, V_0 \sin(\omega t + \alpha)$$

ただし，$\tan \alpha = R\left(\omega C - \dfrac{1}{\omega L}\right)$

数学のてびき

■ 増減凹凸表のつくり方とその意味　　　　　　　講義 1

練習問題 で扱う $x = t^3 - 9t^2 + 24t - 16$ … ① を例にして増減凹凸表をつくってみましょう．まずは，$\dfrac{dx}{dt}$，$\dfrac{d^2x}{dt^2}$ を求めておきます．

$$v = \frac{dx}{dt} = 3t^2 - 18t + 24 = 3(t-2)(t-4) \quad \cdots \text{②}$$

$$a = \frac{dv}{dt} = \frac{d^2x}{dt^2} = 6t - 18 = 6(t-3) \quad \cdots \text{③}$$

次に，右図のように t，$\dfrac{dx}{dt}$，$\dfrac{d^2x}{dt^2}$，x を順に並べた4段の表を書きます．

(1) 1段目は，$\dfrac{dx}{dt} = 0$，$\dfrac{d^2x}{dt^2} = 0$ となる t の値を小さい順に書きます．ここでは，②，③式より $t = 2, 3, 4$ となります．区間は…で表示します．

t	$\cdots$	2	$\cdots$	3	$\cdots$	4	$\cdots$
$\dfrac{dx}{dt}$		0				0	
$\dfrac{d^2x}{dt^2}$				0			
x							

(2) 2段目は $\dfrac{dx}{dt}$ の＋，0，－を書きます．例えば②式より $2 < t < 4$ の範囲では $\dfrac{dx}{dt}$ は負（－）になっています．この範囲では x-t グラフの傾き $\dfrac{dx}{dt}$ が負なので，x-t グラフは右下がりであることがわかります．

t	$\cdots$	2	$\cdots$	3	$\cdots$	4	$\cdots$
$\dfrac{dx}{dt}$	＋	0	－	－	－	0	＋
$\dfrac{d^2x}{dt^2}$				0			
x							

(3) 3段目は $\dfrac{d^2x}{dt^2}$ の＋，0，－を書きます．例えば，③式より $t = 3$ のとき $\dfrac{d^2x}{dt^2} = 0$，$t > 3$ の範囲では $\dfrac{d^2x}{dt^2}$ は正（＋）になっています．

t	$\cdots$	2	$\cdots$	3	$\cdots$	4	$\cdots$
$\dfrac{dx}{dt}$	＋	0	－	－	－	0	＋
$\dfrac{d^2x}{dt^2}$	－	－	－	0	＋	＋	＋
x							

ここで，$\dfrac{d^2x}{dt^2} > 0$ すなわち $\dfrac{d}{dt}\left(\dfrac{dx}{dt}\right) > 0$ のとき，x-t グラフはどのようになるかをみてみましょう．$\dfrac{dx}{dt}$ は x-t グラフの傾きを表しているの

で，$\dfrac{d}{dt}\left(\dfrac{dx}{dt}\right)>0$ のとき，t の増加にともなって x-t グラフの傾きが増加していることを表しています．右図のように，t の増加にともない傾き $\dfrac{dx}{dt}$ が増加すると，x-t グラフは下に凸になります．

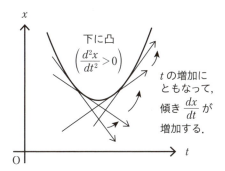

同様にして，$t<3$ の範囲では③式より $\dfrac{d^2x}{dt^2}=\dfrac{d}{dt}\left(\dfrac{dx}{dt}\right)<0$ になっているので，この範囲では t の増加にともない傾き $\dfrac{dx}{dt}$ が減少するので，右図のように x-t グラフは上に凸になります．

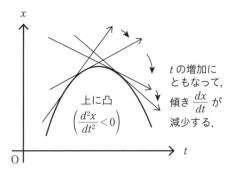

(4) 4段目は x の ↗, ⌢, ↘, ⌣, 数値を書きます．例えば $t<2$ の範囲では，$\dfrac{dx}{dt}>0$，$\dfrac{d^2x}{dt^2}<0$ なので，上に凸で増加を表す記号 ⌢ を記入します．

t	$\cdots$	2	$\cdots$	3	$\cdots$	4	$\cdots$
$\dfrac{dx}{dt}$	+	0	−	−	−	0	+
$\dfrac{d^2x}{dt^2}$	−	−	−	0	+	+	+
x	⌢	4	↘	2	⌣	0	↗

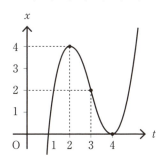

■不定積分　　　　　　　　　　　　　　　　　　講義2

関数 $f(x)$ に対して，微分すると $f(x)$ になる関数，すなわち

$$F'(x) = f(x)$$

となる関数 $F(x)$ を，$f(x)$ の原始関数といいます．

（例） $\left(\dfrac{1}{3}x^3\right)' = x^2$ となるので，$\dfrac{1}{3}x^3$ は x^2 の原始関数です．

また，$\left(\dfrac{1}{3}x^3 + 2\right)' = x^2$，$\left(\dfrac{1}{3}x^3 - 1\right)' = x^2$ となるので，$\dfrac{1}{3}x^3 + 2$，$\dfrac{1}{3}x^3 - 1$ も x^2 の原始関数です．

上の例からもわかるように，x^2 の原始関数は無数に存在しますが，その違いは定数部分だけです．そこで，定数 C を用いて，1 つの式にまとめると，$\left(\dfrac{1}{3}x^3 + C\right)' = x^2$ となるので，x^2 の任意の原始関数は $\dfrac{1}{3}x^2 + C$ と表すことができます．これを x^2 の不定積分といい，次のように表します．

$$\int x^2 dx = \dfrac{1}{3}x^3 + C \quad (C \text{ は定数})$$

この定数 C を積分定数といいます．

一般に，関数 $f(x)$ の原始関数の 1 つを $F(x)$ とするとき，$f(x)$ の不定積分は，次のように表されます．

$$\int f(x)dx = F(x) + C \quad (C \text{ は積分定数})$$

また，関数 $f(x)$ の不定積分を求めることを，$f(x)$ を積分するといいます．

（例） $\dfrac{1}{3}x^3 + C \underset{\text{積分する}}{\overset{\text{微分する}}{\rightleftarrows}} x^2$

■面積と積分の関係　　　　　　　　　　　　　　　　講義3

右図のように，x 座標が a から x までの範囲で，曲線 $y=f(x)$ と x 軸の間の面積を $S(x)$ とします．x の値が x から $x+\Delta x$ まで変化したとき，曲線 $y=f(x)$ と x 軸の間の面積は

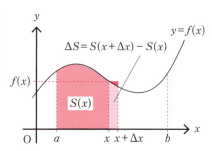

$$\Delta S = S(x+\Delta x) - S(x)$$

だけ変化します．

一方，面積 ΔS は，高さ $f(x)$，幅 Δx の長方形で近似することができるので，

$$\Delta S \fallingdotseq f(x)\Delta x$$

上の2式より，

$$S(x+\Delta x) - S(x) \fallingdotseq f(x)\Delta x$$

となります．両辺を Δx で割ると

$$\frac{S(x+\Delta x) - S(x)}{\Delta x} \fallingdotseq f(x)$$

ここで，$\Delta x \to 0$ とすると，$\dfrac{S(x+\Delta x) - S(x)}{\Delta x} \to f(x)$ となるので

$$\lim_{\Delta x \to 0} \frac{S(x+\Delta x) - S(x)}{\Delta x} = f(x)$$

となります．これは導関数の定義そのものなので

$$\frac{dS(x)}{dx} = f(x)$$

が成り立ち，さらに

$$S(x) = \int f(x)dx = F(x) + C \quad (C \text{ は積分定数})$$

と表すことができます．ここで，$S(a)$ は x 座標が a から a までの範囲の面積を表し，0となるので

$$S(a) = F(a) + C = 0 \quad \therefore \quad C = -F(a)$$

したがって，

$$S(x) = F(x) - F(a)$$

となります．この式で $x=b$ とおくと

$$S(b) = F(b) - F(a)$$

が得られ，$S(b)$ は右図の赤色部分の面積，すなわち x 座標が a から b までの範囲で曲線 $y=f(x)$ と x 軸の間の面積 S を表しています．

以上の議論より，右図の面積 S は，関数 $f(x)$ を a から b まで定積分した値として，次のようにして求めることができます．

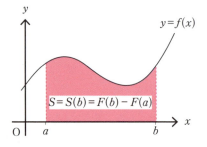

$$S = \int_a^b f(x)\,dx = \bigl[F(x)\bigr]_a^b = F(b) - F(a)$$

■区分求積法　　　　　　　　　　　　　　講義3

v-t グラフの面積を求めるときに用いた"区間を細分し，和の極限として面積を求める"方法を数学では区分求積法と呼んでいます．区分求積法について詳しく見ておきましょう．

閉区間 $[a,\ b]$ で連続な関数 $f(x)$ が，つねに $f(x) \geqq 0$ であるとします．図1のように，区間 $[a,\ b]$ を n 等分し，その分点を順に

$$a = x_0,\ x_1,\ x_2,\ \cdots,\ x_k,\ \cdots,\ x_{n-1},\ x_n = b$$

とおきます．すると，分点の間隔 Δx は，

$$\Delta x = \frac{b-a}{n}$$

また，

$$x_k = a + k\Delta x$$

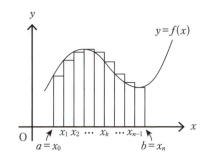

図1

となります．図1の各長方形の面積の和の極限が図2の面積 S と等しくなるので，

$$S = \lim_{\Delta n \to \infty} \sum_{k=0}^{n-1} f(x_k) \Delta x$$

となります．また，図2の面積 S は積分を用いて表すと，

$$S = \int_a^b f(x) dx$$

となるので，一般に関数 $f(x)$ が区間 $[a,\ b]$ で連続であるとき，次の等式が成り立ちます．

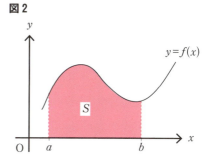

図2

区分求積法

$$\lim_{\Delta n \to \infty} \sum_{k=0}^{n-1} f(x_k) \Delta x = \int_a^b f(x) dx$$

$$\text{ただし，} \Delta x = \frac{b-a}{n},\ x_k = a + k\Delta x$$

また，面積 S は

$$S = \lim_{\Delta n \to \infty} \sum_{k=1}^{n} f(x_k) \Delta x$$

と表すこともできます．

■合成関数の微分法　　　　　　　　　　講義6

$\begin{cases} y = f(u) & \cdots ① \\ u = g(x) & \cdots ② \end{cases}$ と表される合成関数について考えます．

x の増分 Δx に対する u, y の増分をそれぞれ Δu, Δy とします．$x \to x + \Delta x$ のとき，$u \to u + \Delta u$ だから②式より

$$u + \Delta u = g(x + \Delta x) \quad \therefore \quad \Delta u = g(x + \Delta x) - g(x)$$

さらに，$u \to u + \Delta u$ のとき　$y \to y + \Delta y$ だから①式より

$$y + \Delta y = f(u + \Delta u) \quad \therefore \quad \Delta y = f(u + \Delta u) - f(u)$$

よって

$$\frac{\Delta y}{\Delta x} = \frac{\Delta y}{\Delta u} \cdot \frac{\Delta u}{\Delta x} = \frac{f(u + \Delta u) - f(u)}{\Delta u} \cdot \frac{g(x + \Delta x) - g(x)}{\Delta x}$$

となります．ここで，$\Delta x \to 0$ のとき $\Delta u \to g(x) - g(x) = 0$ となるので，

$$\lim_{\Delta x \to 0}\frac{\Delta y}{\Delta x} = \lim_{\Delta u \to 0}\frac{\Delta y}{\Delta u} \cdot \lim_{\Delta x \to 0}\frac{\Delta u}{\Delta x}$$

$$= \lim_{\Delta u \to 0}\frac{f(u+\Delta u)-f(u)}{\Delta u} \cdot \lim_{\Delta x \to 0}\frac{g(x+\Delta x)-g(x)}{\Delta x}$$

したがって

$$\frac{dy}{dx} = \frac{dy}{du} \cdot \frac{du}{dx} = f'(u) \cdot g'(x) = f'(g(x)) \cdot g'(x)$$

となります．

```
┌─ 合成関数の微分法（表現1）─┐   ┌─ 合成関数の微分法（表現2）─┐
│       dy   dy   du         │   │                            │
│      ─── = ── · ──         │   │   {f(g(x))}' = f'(g(x))·g'(x)│
│       dx   du   dx         │   │                            │
└────────────────────────────┘   └────────────────────────────┘
```

■三角関数の微分　　　　　　　　　　　　　　　　　講義6

導関数の定義 $f'(x) = \lim_{\Delta x \to 0}\dfrac{f(x+\Delta x)-f(x)}{\Delta x}$ にしたがって三角関数の微分について考えていきます．

・$\sin x$ を微分する

$$(\sin x)' = \lim_{\Delta x \to 0}\frac{\sin(x+\Delta x)-\sin x}{\Delta x}$$

$$= \lim_{\Delta x \to 0}\frac{2\cos\left(x+\dfrac{\Delta x}{2}\right)\sin\dfrac{\Delta x}{2}}{\Delta x} \quad \cdots\cdots$$

> $\sin\alpha - \sin\beta = 2\cos\dfrac{\alpha+\beta}{2}\sin\dfrac{\alpha-\beta}{2}$ を用いて変形します．

$$= \lim_{\Delta x \to 0}\cos\left(x+\frac{\Delta x}{2}\right) \cdot \frac{\sin\dfrac{\Delta x}{2}}{\dfrac{\Delta x}{2}} \quad \cdots\cdots$$

> $\lim_{\theta \to 0}\dfrac{\sin\theta}{\theta} = 1$ を用いて変形します．

$$= \cos x \cdot 1$$

$$= \cos x$$

したがって

$$(\sin x)' = \cos x$$

・$\cos x$ を微分する

$$\begin{aligned}(\cos x)' &= \lim_{\Delta x \to 0}\frac{\cos(x+\Delta x)-\cos x}{\Delta x}\\ &= \lim_{\Delta x \to 0}\frac{-2\sin\left(x+\dfrac{\Delta x}{2}\right)\sin\dfrac{\Delta x}{2}}{\Delta x}\\ &= \lim_{\Delta x \to 0}\left\{-\sin\left(x+\dfrac{\Delta x}{2}\right)\cdot\dfrac{\sin\dfrac{\Delta x}{2}}{\dfrac{\Delta x}{2}}\right\}\\ &= -\sin x \cdot 1\\ &= -\sin x\end{aligned}$$

> $\cos\alpha - \cos\beta$
> $= -2\sin\dfrac{\alpha+\beta}{2}\sin\dfrac{\alpha-\beta}{2}$
> を用いて変形します.

したがって

$$(\cos x)' = -\sin x$$

・$\tan x$ を微分する

$$\begin{aligned}(\tan x)' &= \left(\frac{\sin x}{\cos x}\right)' = \frac{(\sin x)'\cos x - \sin x(\cos x)'}{(\cos x)^2}\\ &= \frac{\cos x \cdot \cos x - \sin\cdot(-\sin x)}{(\cos x)^2}\\ &= \frac{\cos^2 x + \sin^2 x}{\cos x^2}\\ &= \frac{1}{\cos x^2}\end{aligned}$$

したがって

$$(\tan x)' = \frac{1}{\cos x^2}$$

三角関数の微分

$(\sin x)' = \cos x, \ (\cos x)' = -\sin x, \ (\tan x)' = \dfrac{1}{\cos^2 x}$

数学のてびき

置換積分法　　　　　　　　　　　　　　　　　　　　講義 7

$$F(x) = \int f(x)dx \quad \cdots \text{①}$$

が与えられています．左辺を t で微分すると，合成関数の微分法により

$$\frac{dF(x)}{dt} = \frac{dF(x)}{dx} \cdot \frac{dx}{dt} = f(x) \cdot \frac{dx}{dt}$$

となります．これを両辺 t で積分すると，

$$F(x) = \int f(x)\frac{dx}{dt}dt \quad \cdots \text{②}$$

となるので，①，②より

$$\int f(x)dx = \int f(x)\frac{dx}{dt}dt$$

が成り立ちます．

置換積分法（表現1）
$$\int f(x)dx = \int f(x)\frac{dx}{dt}dt \quad \cdots \text{③}$$

ここで，$x = g(t)$ と置き換えたとすると，

$$\frac{dx}{dt} = g'(t) \quad \cdots \text{④}$$

となるので③は次のように表現することもできます．

置換積分法（表現2）
$$\int f(x)dx = \int f(g(t))g'(t)dt \quad \cdots \text{⑤}$$

なお，⑤の関係式は，④式 $\frac{dx}{dt} = g'(t)$ を形式的に $dx = g'(t)dt$ と書き，x を $g(t)$ に dx を $g'(t)dt$ に置き換えてもよいということを表しています．

次に，定積分における置換積分法についても検討しておきます．

x が a から b まで変わるとき，t は α から β まで変わるとします．$x = g(t)$ の関係から，$a = g(\alpha)$, $b = g(\beta)$ となるので，

x	$a \to b$
t	$\alpha \to \beta$

$$\int_a^b f(x)dx = [F(x)]_a^b = F(b) - F(a) = F(g(\beta)) - F(g(\alpha))$$
$$= [F(g(t))]_\alpha^\beta = \int_\alpha^\beta f(g(t))g'(t)dt = \int_\alpha^\beta f(x)\frac{dx}{dt}dt$$

が成り立ちます．

> **定積分における置換積分法**
> $$\int_a^b f(x)\,dx = \int_\alpha^\beta f(x)\dfrac{dx}{dt}dt \qquad ただし, \quad \begin{array}{c|c} x & a \to b \\ \hline t & \alpha \to \beta \end{array}$$

■ 変数分離形の微分方程式の解き方 講義 13

$\dfrac{dy}{dx} = f(x)g(y)$ のように右辺が x の関数と y の関数の積の形になっている微分方程式を変数分離形の微分方程式といいます．変数分離形の微分方程式は

$$\int (x\text{だけの式})\,dx = \int (y\text{だけの式})\,dy$$

の形をめざして変形していきます．次の例題を通して，その解き方を見ていきましょう．

例題 微分方程式 $\dfrac{dy}{dx} = 3x^2 y$ … ① を解きなさい．

◀**解答**▶

①式で $y \neq 0$ のとき

$$\dfrac{1}{y}\dfrac{dy}{dx} = 3x^2$$

両辺を x で積分して

$$\int \dfrac{1}{y}\dfrac{dy}{dx}dx = \int 3x^2 dx$$

置換積分の性質から

$$\int \dfrac{1}{y}dy = \int 3x^2 dx$$

となるので，

$$\log|y| = x^3 + C_1 \quad (C_1：積分定数)$$
$$|y| = e^{x^3 + C_1}$$
$$y = \pm e^{x^3 + C_1} = \pm e^{C_1} \cdot e^{x^3}$$

ここで，あらためて $\pm e^{C_1} = C$ とおくと，$C \neq 0$ となり

$$y = Ce^{x^3} \quad (ただし, \ C \neq 0) \quad \cdots ②$$

①式で $y=0$ のとき $\dfrac{dy}{dx}=0$ となり，これは②式において $C=0$ とすることに対応しているので，②式の C は 0 を含む任意定数とすることができます．

$$\therefore \quad y=Ce^{x^3} \quad (C：任意定数)$$

対数関数の微分　　　　　　　　　　　　　　　講義 13

導関数の定義 $f'(x)=\lim\limits_{\Delta x \to 0}\dfrac{f(x+\Delta x)-f(x)}{\Delta x}$ にしたがって対数関数の微分について考えていきます．

$$(\log x)' = \lim_{\Delta x \to 0}\dfrac{\log(x+\Delta x)-\log x}{\Delta x}$$

$\log X - \log Y = \log \dfrac{X}{Y}$ を用いて変形します．

$$= \lim_{\Delta x \to 0}\dfrac{1}{\Delta x}\log\left(1+\dfrac{\Delta x}{x}\right)$$

ここで，$\dfrac{\Delta x}{x}=h$ とおくと，$\Delta x \to 0$ のとき $h \to 0$ であるから

$$\lim_{\Delta x \to 0}\dfrac{1}{\Delta x}\log\left(1+\dfrac{\Delta x}{x}\right) = \lim_{h \to 0}\dfrac{1}{xh}\log(1+h)$$

$r\log X=\log X^r$ を用いて変形します．

$$=\dfrac{1}{x}\lim_{h \to 0}\log(1+h)^{\frac{1}{h}}$$

$\lim\limits_{h \to 0}(1+h)^{\frac{1}{h}}=e$ を用いて変形します．

$$=\dfrac{1}{x}\log e$$

$\log e = 1$ です．

$$=\dfrac{1}{x}$$

したがって

$$(\log x)' = \dfrac{1}{x} \quad \cdots ①$$

①の関係は，$x>0$ のときに成り立ちますが，$x<0$ のときには合成関数の微分法を用いて，

$$\{\log(-x)\}' = \dfrac{1}{-x}\cdot(-x)' = \dfrac{1}{x} \quad \cdots ②$$

となります．①と②を合わせて次のように書くことができます．

$$(\log|x|)' = \dfrac{1}{x}$$

---対数関数の微分---
$$(\log|x|)' = \frac{1}{x}$$

したがって，次の積分公式が成り立つことがわかります．

$$\int \frac{1}{x}dx = \log|x| + C \quad (C：積分定数)$$

■ $x = a\sin\theta$, $x = a\tan\theta$ とおく置換積分　　講義14, 講義25

$x = a\sin\theta$, $x = a\tan\theta$ とおく置換積分について，下の例題を解きながら考えていきましょう．

例題 1 定積分 $\int_0^a \sqrt{a^2 - x^2}\,dx$ を求めなさい．ただし $a > 0$ とします．

◀解答▶

$0 \leqq \theta \leqq \frac{\pi}{2}$ の区間で，$x = a\sin\theta$ とおくと，x と θ の対応は右の表のように表されます．$a > 0$，$\cos\theta \geqq 0$ であるから

x	$0 \to a$
θ	$0 \to \frac{\pi}{2}$

$$\sqrt{a^2 - x^2} = \sqrt{a^2 - a^2\sin^2\theta} = \sqrt{a^2(1 - \sin^2\theta)}$$
$$= \sqrt{a^2\cos^2\theta} = a\cos\theta$$

ここで，$\frac{dx}{d\theta} = a\cos\theta$ だから，これを形式的に $dx = a\cos\theta\,d\theta$ と書くと，

$$\int_0^a \sqrt{a^2 - x^2}\,dx = \int_0^{\frac{\pi}{2}} a\cos\theta \cdot a\cos\theta\,d\theta$$
$$= a^2 \int_0^{\frac{\pi}{2}} \cos^2\theta\,d\theta = a^2 \int_0^{\frac{\pi}{2}} \frac{1 + \cos 2\theta}{2}\,d\theta$$
$$= \frac{a^2}{2}\left[\theta + \frac{\sin 2\theta}{2}\right]_0^{\frac{\pi}{2}}$$
$$= \frac{\pi a^2}{4}$$

例題 2 定積分 $\int_0^{\frac{a}{2}} \frac{dx}{\sqrt{a^2 - x^2}}$ を求めなさい．ただし，$a > 0$ とします．

◀解答▶

$0 \leq \theta \leq \dfrac{\pi}{6}$ の区間で $x = a\sin\theta$ とおくと，x と θ の対応は右の表のように表されます．$a > 0$，$\cos\theta > 0$ であるから

x	$0 \to \dfrac{a}{2}$
θ	$0 \to \dfrac{\pi}{6}$

$$\sqrt{a^2 - x^2} = \sqrt{a^2 - a^2\sin^2\theta} = \sqrt{a^2(1 - \sin^2\theta)}$$
$$= \sqrt{a^2\cos^2\theta} = a\cos\theta$$

ここで，$\dfrac{dx}{d\theta} = a\cos\theta$ だから，これを形式的に $dx = a\cos\theta d\theta$ と書くと，

$$\int_0^{\frac{a}{2}} \dfrac{dx}{\sqrt{a^2 - x^2}} = \int_0^{\frac{\pi}{6}} \dfrac{a\cos\theta d\theta}{a\cos\theta} = \int_0^{\frac{\pi}{6}} d\theta$$
$$= \Bigl[\theta\Bigr]_0^{\frac{\pi}{6}} = \dfrac{\pi}{6}$$

例題 3 定積分 $\displaystyle\int_0^a \dfrac{dx}{a^2 + x^2}$ を求めなさい．ただし，$a \neq 0$ とします．

◀解答▶

$-\dfrac{\pi}{2} < \theta < \dfrac{\pi}{2}$ の区間で，$x = a\tan\theta$ とおくと，x と θ の対応は右の表のように表されます．

x	$0 \to a$
θ	$0 \to \dfrac{\pi}{4}$

$$\dfrac{1}{a^2 + x^2} = \dfrac{1}{a^2 + a^2\tan^2\theta} = \dfrac{1}{a^2(1 + \tan^2\theta)}$$
$$= \dfrac{\cos^2\theta}{a^2}$$

ここで，$\dfrac{dx}{d\theta} = \dfrac{a}{\cos^2\theta}$ だから，これを形式的に $dx = \dfrac{a}{\cos^2\theta}d\theta$ と書くと，

$$\int_0^a \dfrac{dx}{a^2 + x^2} = \int_0^{\frac{\pi}{4}} \dfrac{\cos^2\theta}{a^2} \cdot \dfrac{a}{\cos^2\theta} d\theta$$
$$= \dfrac{1}{a}\int_0^{\frac{\pi}{4}} d\theta = \dfrac{1}{a}\Bigl[\theta\Bigr]_0^{\frac{\pi}{4}}$$
$$= \dfrac{\pi}{4a}$$

索　引

ア　行

RLC 直列回路　159
　　——のインピーダンス　161
アンペールの法則　126

位置エネルギー　45
位置ベクトル　27

運動の法則　16
運動量の変化と力積の関係　33
運動量保存則　36

エネルギー　45
　　——と仕事の関係　42
　　——の変化と仕事の関係　42
エネルギー積分　42

カ　行

外積　108
回路
　　——のインピーダンス　161
　　——の方程式　143
ガウスの法則　74, 82
角速度　29
加速度　3
過渡的な現象　142
慣性の法則　16

球状コンデンサー　99
極限　1
キルヒホッフの第2法則　142

クーロンの法則　72
区分求積法　14, 172

コイル
　　——に蓄えられるエネルギー　152
　　——のリアクタンス　157
合成関数の微分法　30, 173
交流電圧　139
コンデンサーのリアクタンス　158

サ　行

作用・反作用の法則　16, 36
三角関数の微分　30, 174

自己インダクタンス　140
仕事と内積の関係　23
自己誘導　140
磁束　135
磁束密度　111
実効値　154
磁場　108
重力による位置エネルギー　45
瞬間の速度　1
準静的　92
振動回路　146
振動電流　150

静電エネルギー　101
静電気力　72
積分　7

増減凹凸表　5, 168
速度　1

181

タ 行

対数関数の微分　178
単振動　65
弾性力　51
　——による位置エネルギー　50

置換積分法　176

電圧　98
電位　88
　——の定義　89
電位差　98
電荷が電場から受ける力　73
電気振動　150
　——の固有周波数　151
電気容量　98
電気力線　74
電磁誘導　135
　——の法則　135
点電荷がつくる電場　73
電場　73
　——と電位の関係　92
　——の定義　73
電力　154

等加速度直線運動　8
等速円運動　29

ナ 行

内積の定義　23

ニュートンの運動の3法則　16

ハ 行

万有引力　48

　——による位置エネルギー　48

ビオ・サバールの法則　115
微分　1
微分方程式　60

ファラデーの法則　136
復元力　51
不定積分　7, 170

平均の速度　1
平行板コンデンサー　96
　——の静電エネルギー　102
ベクトルの微分　27
変数分離形の微分方程式　60, 177

保存力　46
　——とポテンシャルの関係　49, 50
ポテンシャル　49
ポテンシャルエネルギー　49

マ 行

面積と積分の関係　14, 171
面積分　83

ヤ 行

誘導起電力　135
誘導電流　135

ラ 行

力学的エネルギー保存則　55

レンツの法則　136

ローレンツ力　111

著者略歴

青山 均（あおやま ひとし）

1961年に東京都に生まれる
1994年よりサレジオ学院中学高等学校教諭
著書に『ひとりで学べる 秘伝の物理講義（力学・波動）』2016年
　　　『ひとりで学べる 秘伝の物理講義（電磁気・熱・原子）』2016年
　　　『ひとりで学べる 秘伝の物理問題集（力学・熱・波動・電磁気・原子）』
　　　2016年
　　　『ひとりで学べる 秘伝の物理問題集High（力学・熱・波動・電磁気・原子）』
　　　2017年（いずれも学研プラス刊）
などがある
気象予報士資格を有する

秘伝の微積物理　　　　　　　　　　　　　定価はカバーに表示

2019年4月1日　初版第1刷
2025年1月25日　　　第5刷

　　著　者　青　山　　　均
　　発行者　朝　倉　誠　造
　　発行所　株式会社　朝　倉　書　店
　　　　　　東京都新宿区新小川町 6-29
　　　　　　郵便番号　162-8707
　　　　　　電　話　03(3260)0141
　　　　　　ＦＡＸ　03(3260)0180
　　　　　　https://www.asakura.co.jp

〈検印省略〉

© 2019〈無断複写・転載を禁ず〉　　　　　　　　　Printed in Korea

ISBN 978-4-254-13126-0　C 3042

JCOPY ＜出版者著作権管理機構 委託出版物＞

本書の無断複写は著作権法上での例外を除き禁じられています．複写される場合は，
そのつど事前に，出版者著作権管理機構（電話 03-5244-5088, FAX 03-5244-5089,
e-mail: info@copy.or.jp）の許諾を得てください．

京大 嶺重 慎著
ファーストステップ 宇宙の物理
13125-3　C3042　　　　Ａ５判 216頁 本体3300円

宇宙物理学の初級テキスト。多くの予備知識なく基礎概念や一般原理の理解に至る丁寧な解説。〔内容〕宇宙を学ぶ／恒星としての太陽／恒星の構造と進化／コンパクト天体と連星系／太陽系惑星と系外惑星／銀河系と系外銀河／現代の宇宙論

前慶大 清水忠雄監訳
元産総研 大苗　敦・産総研 清水祐公子訳
物理学をつくった重要な実験はいかに報告されたか
――ガリレオからアインシュタインまで――
10280-2　C3040　　　　Ａ５判 416頁 本体6500円

物理学史に残る偉大な実験はいかに「報告」されたか。17世紀ガリレオから20世紀前半まで、24人の物理学者による歴史的実験の第一報を抄録・解説。新発見の驚きと熱気が伝わる物理実験史。クーロン，ファラデー，ミリカン，他

京都大学宇宙総合学研究ユニット編
シリーズ〈宇宙総合学〉1
人類が生きる場所としての宇宙
15521-1　C3344　　　　Ａ５判 144頁 本体2300円

文理融合で宇宙研究の現在を紹介するシリーズ。人類は宇宙とどう付き合うか。〔内容〕宇宙総合学とは／有人宇宙開発のこれまでとこれから／宇宙への行き方／太陽の脅威とスーパーフレア／宇宙医学／宇宙開発利用の倫理

京都大学宇宙総合学研究ユニット編
シリーズ〈宇宙総合学〉2
人類は宇宙をどう見てきたか
15522-8　C3344　　　　Ａ５判 164頁 本体2300円

文理融合で宇宙研究の現在を紹介するシリーズ。人類は宇宙をどう眺めてきたのか。[内容]人類の宇宙観の変遷／最新宇宙論／オーロラ／宇宙の覗き方(京大3.8m望遠鏡)／宇宙と人のこころと宗教／宇宙人文学／歴史文献中のオーロラ記録

京都大学宇宙総合学研究ユニット編
シリーズ〈宇宙総合学〉3
人類はなぜ宇宙へ行くのか
15523-5　C3344　　　　Ａ５判 160頁 本体2300円

文理融合で宇宙研究の現在を紹介するシリーズ。人類は宇宙とどう付き合うか。〔内容〕太陽系探査／生命の起源と宇宙／宇宙から宇宙を見る／人工衛星の力学と制御／宇宙災害／宇宙へ行く意味はあるのか

京都大学宇宙総合学研究ユニット編
シリーズ〈宇宙総合学〉4
宇宙にひろがる文明
15524-2　C3344　　　　Ａ５判 144頁 本体2300円

文理融合で宇宙研究の現在を紹介するシリーズ。人類は宇宙とどう付き合うか。[内容]宇宙の進化／系外惑星と宇宙生物学／宇宙天気と宇宙気候／インターネットの発展からみた宇宙開発の産業化／宇宙太陽光発電／宇宙人との出会い

前東北大 滝川　昇・東北工大 新井敏一・中大 土屋俊二著
物理学基礎1
力　　　　　　学　[入門編]
13811-5　C3342　　　　Ｂ５判 168頁 本体2500円

運動の表し方とベクトルの初歩から，力学の基礎的な内容に絞って丁寧に解説する。〔内容〕1次元の運動の表し方／ベクトル／2次元および3次元の運動／力と運動の法則／さまざまな運動／仕事とエネルギー／付録：国際単位系，微分，積分／他

前東北大 滝川　昇・東北工大 新井敏一・中大 土屋俊二著
物理学基礎2
力　　　　　　学　[発展編]
13812-2　C3342　　　　Ｂ５判 136頁 本体2400円

入門編に続き，運動量，中心力，万有引力，剛体の運動を丁寧に解説。豊富な具体例で力学の考え方を身につける。〔内容〕運動量／中心力のもとでの運動／万有引力のもとでの運動／剛体の運動／付録：座標系，ベクトルの補足

元慶大 米沢富美子総編集　　前慶大 辻　和彦編集幹事
人物でよむ 物理法則の事典
13116-1　C3542　　　　Ａ５判 544頁 本体8800円

味気ない暗記事項のように教育・利用される物理学の法則や現象について，発見等に貢献した「人物」を軸に構成・解説することにより，簡潔な数式表現の背景に潜む物理学者の息遣いまで描き出す，他に類のない事典。個々の法則や現象の理論的な解説を中心に，研究者達の個性や関係性，時代的・技術的条件等を含め重層的に紹介。古代から現代まで約360の物理学者を取り上げ，詳細な人名索引も整備。物理学を志す若者，物理学を愛する大人達に贈る，熱気あふれる物理法則事典。

上記価格（税別）は2024年12月現在